技工院校"十四五"规划数字媒体技术应用专业系列教材
中等职业技术学校"十四五"规划艺术设计专业系列教材

网页设计

周黎 陈智盖 苏俊毅 彭小虎 潘泳贤 主编

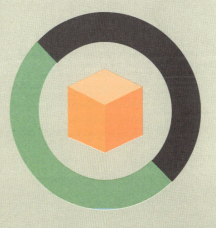

华中科技大学出版社
http://press.hust.edu.cn
中国·武汉

内容简介

本书以 Adobe Dreamweaver 2021 为工具，系统讲解网页设计与开发的全流程，涵盖从基础操作到动态网页开发的核心技能。全书分为七个项目，其中项目一为 Dreamweaver 快速入门，项目二为创建和编辑网页元素，项目三为使用表格和框架布局网页，项目四为使用 CSS 样式控制网页外观，项目五为使用库、模板和行为，项目六为实现动态网页效果，项目七为综合案例，循序渐进地引导学习者从入门到实战。

本书注重工具操作与代码实践的结合，适合零基础初学者及希望系统提升网页设计效率的设计师，助力实现从静态页面制作到动态网站开发的能力进阶。

图书在版编目（CIP）数据

网页设计 / 周黎等主编 . -- 武汉：华中科技大学出版社，2025.3. -- ISBN 978-7-5772-1560-0

Ⅰ．TP393.092.2

中国国家版本馆 CIP 数据核字第 2025T3P214 号

网页设计
Wangye Sheji

周黎　陈智盖　苏俊毅　彭小虎　潘泳贤　主编

策划编辑：金　紫

责任编辑：狄宝珠

装帧设计：金　金

责任监印：朱　玢

出版发行：华中科技大学出版社（中国•武汉）　　　电　　话：（027）81321913
　　　　　武汉市东湖新技术开发区华工科技园　　　邮　　编：430223

录　　排：天津清格印象文化传播有限公司

印　　刷：武汉科源印刷设计有限公司

开　　本：889mm×1194mm　1/16

印　　张：10.5

字　　数：319 千字

版　　次：2025 年 3 月第 1 版第 1 次印刷

定　　价：59.80 元

本书若有印装质量问题，请向出版社营销中心调换

全国免费服务热线 400-6679-118 竭诚为您服务

版权所有　侵权必究

技工院校"十四五"规划数字媒体技术应用专业系列教材
中等职业技术学校"十四五"规划艺术设计专业系列教材
编写委员会名单

● 编写委员会主任委员

文健（广州城建职业学院科研副院长）
劳小芙（广东省城市技师学院文化艺术学院副院长）
苏学涛（山东技师学院文化传媒专业部主任）
钟春琛（中山市技师学院计算机应用系教学副主任）
王博（广州市工贸技师学院文化创意产业系副主任）
许浩（宁波第二技师学院教务处主任）
曾维佳（广州市轻工技师学院平面设计专业学科带头人）
余辉天（四川菌王国科技发展集团有限公司游戏部总经理）

● 编委会委员

戴晓杏、曾勇、余晓敏、陈筱可、刘雪艳、汪静、杜振嘉、孙楚杰、阙乐旻、孙广平、何莲娣、高翠红、邓全颖、谢洁玉、李佳俊、欧阳达、雷静怡、覃浩洋、冀俊杰、邝耀明、李谋超、许小欣、黄剑琴、王鹤、林颖、姜秀坤、黄紫瑜、皮皓、傅程姝、周黎、陈智盖、苏俊毅、彭小虎、潘泳贤、朱春、唐兴家、闵雅赳、周根静、刘芊宇、刘筠烨、李亚琳、胡文凯、何淦、胡蓝予、朱良、杨洪亮、龚芷月、黄嘉莹、吴立炜、张丹、岳修能、黄金美、邓梓艺、付宇菲、陈珊、梁爽、齐潇潇、林倚廷、陈燕燕、刘孚林、林国慧、王鸿书、孙铭徽、林妙芝、李丽雯、范斌、熊浩、孙渭、胡玥、张文忠、吴滨、唐文财、谢文政、周正、周哲君、谢爱莲、黄晓鹏、杨桃、甘学智、边珮、许浩、郭咏、吕春兰、梁艳丹、沈振凯、罗翊夏、曾维佳、梁露茜、林秀琼、姜兵、曾琦、汤琳、张婷、冯晶、梁立彬、张家宝、季俊杰、李巧、杨洪亮、杨静、李亚玲、康弘玉、骆艳敏、牛宏光、何磊、陈升远、刘荟敏、伍潇滢、杨嘉慧、熊春静、银丁山、鲁敬平、余晓敏、吴晓鸿、庾瑜、练丽红、朱峰、尹伟荣、桓小红、张燕瑞、马殷睿、刘咏欣、李海英、潘红彩、刘媛、罗志帆、向师、吕露、甘兹富、曾森林、潘文迪、姜智琳、陈凌梅、陈志宏、冯洁、陈玥冰、苏俊毅、杨力、皮添翼、汤虹蓉、甘学智、邢新哲、徐丽彤、冯婉琳、王蓦颖、朱江、谭贵波、陈筱可、曹树声、谢子缘

● 总主编

文健，教授，高级工艺美术师，国家一级建筑装饰设计师。全国优秀教师，2008年、2009年和2010年连续三年获评广东省技术能手。2015年被广东省人力资源和社会保障厅认定为首批广东省室内设计技能大师，2019年被广东省教育厅认定为建筑装饰设计技能大师。中山大学客座教授，华南理工大学客座教授，广州大学建筑设计研究院室内设计研究中心客座教授。出版艺术设计类专业教材180余本，其中11本获评国家级规划教材。拥有自主知识产权的专利技术130项。主持省级品牌专业建设、省级实训基地建设、省级教学团队建设3项。获广东省教学成果奖一等奖1项，国家级教学成果奖二等奖1项。

● 合作编写单位

（1）合作编写院校

广东省城市技师学院	台山市技工学校
山东技师学院	肇庆市技师学院
中山市技师学院	河源技师学院
广州市工贸技师学院	广州市蓝天高级技工学校
广东省轻工业技师学院	茂名市交通高级技工学校
广州市轻工技师学院	广东省交通运输技师学院
江苏省常州技师学院	广州城建高级技工学校
惠州市技师学院	清远市技师学院
佛山市技师学院	梅州市技师学院
广州市公用事业技师学院	茂名市高级技工学校
广东省技师学院	汕头技师学院
宁波第二技师学院	珠海市技师学院
台山市敬修职业技术学校	
广东省国防科技技师学院	
广东省华立技师学院	
广东花城工商高级技工学校	
广东岭南现代技师学院	
阳江技师学院	
广东省粤东技师学院	
东莞市技师学院	
江门市新会技师学院	

（2）合作编写企业

- 广州市赢彩彩印有限公司
- 广州市壹管念广告有限公司
- 广州市璐鸣展览策划有限责任公司
- 广州波错展览设计有限公司
- 广州市风雅颂广告有限公司
- 广州质本建筑工程有限公司
- 广州市金洋广告有限公司
- 深圳市千千广告有限公司
- 广东飞墨文化传播有限公司
- 北京迪生数字娱乐科技股份有限公司
- 广州易动文化传播有限公司
- 广州云图动漫设计有限公司
- 广东原创动力文化传播有限公司
- 佛山市印艺广告有限公司
- 广州道恩广告摄影有限公司
- 佛山市正和凯歌品牌设计有限公司
- 广州泽西传媒科技有限公司
- Master 广州市熳大师艺术摄影有限公司
- 广州猫柒柒摄影工作室
- 四川菌王国科技发展集团有限公司

序 言

技工教育和中职中专教育是中国职业技术教育的重要组成部分,主要承担培养高技能产业工人和技术工人的任务。随着国家战略的逐步实施,建设一支高素质的技能人才队伍是实现战略目标的必备条件。如今,国家对职业教育越来越重视,技工和中职中专院校的办学水平已经得到很大的提高,进一步提高技工和中职中专院校的教育、教学和实训水平,提升学生的职业技能,培育和弘扬工匠精神,已成为技工和中职中专院校的共同目标。而高水平专业教材建设无疑是技工和中职中专院校发展教育特色的重要抓手。

本套规划教材以国家职业标准为依据,以综合职业能力培养为目标,以典型工作任务为载体,以学生为中心,根据典型工作任务和工作过程设计教学项目和学习任务。同时,按照工作过程和学生自主学习的要求进行教材内容的设计,实现理论教学与实践教学合一、能力培养与工作岗位对接合一、实习实训与顶岗工作合一。

本套规划教材的特色在于,在编写体例上与技工院校倡导的"教学设计项目化、任务化,课程设计教、学、做一体化,工作任务典型化,知识和技能要求具体化"紧密结合,体现任务引领实践的课程设计思想,以典型工作任务和职业活动为主线设计教材结构,以职业能力培养为核心,将理论教学与技能操作相融合作为课程设计的抓手。本套规划教材在理论讲解环节做到简洁实用、深入浅出;在实践操作训练环节体现以学生为主体的特点,创设工作情境,强化教学互动,让实训的方式、方法和步骤清晰,可操作性强,并能激发学生的学习兴趣,促进学生主动学习。

本套规划教材由全国40余所技工和中职中专院校数字媒体技术应用专业90余名教学一线骨干教师与20余家数字媒体设计公司和游戏设计公司一线设计师联合编写。校企双方的编写团队紧密合作,取长补短,建言献策,让本套规划教材更加贴近专业岗位的技能需求,也让本套规划教材的质量得到了充分的保证。衷心希望本套规划教材能够为我国职业教育的改革与发展贡献力量。

技工院校"十四五"规划数字媒体技术应用专业系列教材
中等职业技术学校"十四五"规划艺术设计专业系列教材

总主编

教授/高级技师 文健

2024年12月

前言

在快速发展的信息时代,网页设计与制作已成为数字媒体技术领域从业人员不可或缺的一项专业技能。随着 Web 技术的日新月异,如何培养适应社会需求、具备扎实网页设计与制作技能的人才,已成为职业教育面临的重要课题。正是在这样的背景下,本教材应运而生,旨在适应中等职业教育人才培养模式的转变及教学方法的改革,为广大网页设计与制作的学习者提供一本全面且实用的教材。

本教材的编写思路紧密围绕最新的 Web 标准,全程贯穿理论与实践紧密结合的理念。我们深知,仅掌握理论知识是远远不够的,因此,本教材特别注重实践环节的设计,使学生在掌握理论知识的同时,也能熟练地进行网页设计与制作实践。此外,我们还有机地整合了 HTML 和 CSS 的内容,使学习过程更加贴近实际工作场景,让学生在学习过程中就能感受到网页设计的魅力。

本教材的主要特色在于其全面性和实用性。它涵盖了网页设计与制作的大量基础知识,从网页设计的基本原则到设计元素的应用,从网页布局与导航设计到响应式设计,再到用户体验优化,对每一个细节都进行了深入的讲解。同时,教材通过丰富的实例和案例分析,让学生掌握网页设计的核心技能,为将来的工作打下坚实的基础。

在教学方面,我们强烈建议教师在教学过程中注重理论与实践的结合。网页设计与制作是一门实践性很强的课程,学生只有通过不断的实践,才能真正掌握相关技能。因此,教师在授课过程中应多引导学生动手实践,通过实践加深对理论知识的理解,提高网页设计与制作的能力。

在此,我们要向为本书编写提供帮助的人员表示衷心的感谢。正是有了他们的支持和帮助,我们才能顺利完成这本教材的编写工作。同时,我们也要感谢所有参与本书编写的人员,正是有他们的辛勤付出和无私奉献,才使得这本教材得以呈现在大家面前。

由于作者水平有限,加之编写时间仓促,书中难免存在错误和不足之处。我们恳请广大读者提出宝贵的意见和建议,帮助我们不断完善和改进这本教材。我们相信,在大家的共同努力下,这本教材一定会变得更加完善、更加实用。

最后,我们要说的是,网页设计与制作是一门不断发展和变化的学科。随着 Web 技术的不断进步和创新,教材也需要不断地更新和完善。因此,我们希望广大读者能够持续关注网页设计与制作的最新动态和发展趋势,不断学习和探索新的技术和方法。只有这样,才能在网页设计与制作的道路上走得更远、更稳、更精彩。

周 黎

2024 年 9 月 18 日

课时安排（建议课时 72）

项目	课程内容		课时	
项目一 Dreamweaver 快速入门	学习任务一	初识 Dreamweaver 2021	2	6
	学习任务二	创建和管理站点	2	
	学习任务三	网页文档的基本操作	2	
项目二 创建和编辑网页元素	学习任务一	添加并设置文本	4	12
	学习任务二	插入图像和多媒体元素	4	
	学习任务三	创建超链接	4	
项目三 使用表格和框架布局网页	学习任务一	使用表格	4	12
	学习任务二	使用框架布局网页	8	
项目四 使用 CSS 样式控制网页外观	学习任务一	设置 CSS 样式的属性	4	12
	学习任务二	应用 CSS 样式	8	
项目五 使用库、模板和行为	学习任务一	创建和使用库	4	12
	学习任务二	创建和应用模板	4	
	学习任务三	使用行为	4	
项目六 实现动态网页效果	学习任务一	初识 PHP	4	10
	学习任务二	搭建 PHP 程序的运行环境	6	
项目七 综合案例	综合案例		8	8

目录

项目一 Dreamweaver 快速入门
- 学习任务一　初识 Dreamweaver 2021 002
- 学习任务二　创建和管理站点 010
- 学习任务三　网页文档的基本操作 018

项目二 创建和编辑网页元素
- 学习任务一　添加并设置文本 030
- 学习任务二　插入图像和多媒体元素 042
- 学习任务三　创建超链接 057

项目三 使用表格和框架布局网页
- 学习任务一　使用表格 066
- 学习任务二　使用框架布局网页 071

项目四 使用 CSS 样式控制网页外观
- 学习任务一　设置 CSS 样式的属性 082
- 学习任务二　应用 CSS 样式 094

项目五 使用库、模板和行为
- 学习任务一　创建和使用库 110
- 学习任务二　创建和应用模板 114
- 学习任务三　使用行为 120

项目六 实现动态网页效果
- 学习任务一　初识 PHP 128
- 学习任务二　搭建 PHP 程序的运行环境 135

项目七 综合案例
- 综合案例 150

项目一
Dreamweaver 快速入门

学习任务一　初识 Dreamweaver 2021
学习任务二　创建和管理站点
学习任务三　网页文档的基本操作

学习任务一 初识 Dreamweaver 2021

教学目标

（1）专业能力：使学生掌握与网页相关的概念，如网站、首页、服务器/客户端、URL等，并了解网页设计的基本原则。同时，学生需要熟悉 Dreamweaver 2021 的工作界面及其新增特性，为后续网页设计的学习和实践奠定基础。

（2）社会能力：通过课程学习，学生能够就 Web 前端相关的一般工程问题与业界同行及团队成员进行有效沟通和交流，掌握团队协作与解决冲突的方法，培养学生的创新能力、沟通能力、团队协作能力、应变能力和领导能力等。

（3）方法能力：秉持教学做一体化的教育理念，使学生做到边用边学，通过参与实际项目或模块的学习，提升问题解决能力和自主学习能力。

学习目标

（1）知识目标：了解 Dreamweaver 2021 的基本界面、功能以及网页设计的基础知识。

（2）技能目标：熟练掌握 Dreamweaver 2021 的基本操作方法，包括创建网站、编辑网页内容、添加网页元素、应用样式表等。

（3）素质目标：激发对网页设计的兴趣，提升自主学习和解决实际问题的能力。

教学建议

1. 教师活动

（1）介绍与演示：教师应首先介绍 Dreamweaver 2021 的基本功能和界面结构，并通过实际操作演示，让学生直观地了解软件的使用方法。

（2）项目驱动教学：设计实际的工作项目任务，如创建简单网页、管理站点等，引导学生学习并掌握软件操作。

（3）激励与指导：鼓励学生参加网页设计大赛，激发学生的积极性和创造性，同时提供必要的指导和支持。

2. 学生活动

（1）动手实践：学生应积极参与课堂实践，动手操作 Dreamweaver 2021，完成教师布置的项目任务，以巩固所学知识。

（2）团队协作：在教师的指导下，学生可以通过小组合作来共同完成项目任务，培养团队协作和沟通能力。

（3）创新设计：学生发挥创意，设计具有个性的网页作品，并积极参加网页设计大赛，以提升实践能力和创新思维。

一、学习问题导入

Adobe Dreamweaver 是 Adobe 公司推出的用于网站设计与开发的专业网页编辑软件。作为最新版本的 Dreamweaver 2021，在软件界面和性能上都有了显著提升，提供了强大的可视化布局工具、应用开发功能以及代码编辑支持。

二、学习任务讲解与技能实训

1. 安装 Dreamweaver 2021

（1）下载软件安装包，运行 Set-up.exe，如图 1-1 所示。

（2）设置语言和安装位置，如图 1-2 所示，单击"继续"按钮。

（3）安装过程如图 1-3 所示。

（4）安装完成，如图 1-4 所示。

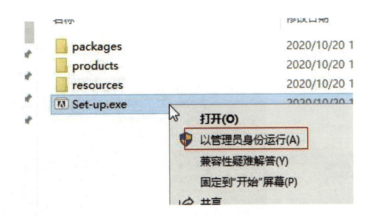

图 1-1 运行 Set-up.exe

图 1-2 设置语言和安装位置

图 1-3 正在安装

图 1-4 安装完成

2. 启动 Dreamweaver 2021

安装完 Dreamweaver 2021 简体中文版后，点击"开始"按钮，在"所有程序"中选择"Adobe Dreamweaver 2021"，即可启动 Dreamweaver 2021 简体中文版，如图 1-5 所示。

如果在桌面上创建了 Adobe Dreamweaver 2021 程序的快捷方式，也可以直接双击该图标来启动 Adobe Dreamweaver 2021。

Dreamweaver 2021 启动后的界面如图 1-6 所示，默认展示的是 Dreamweaver 2021 的欢迎界面，该界面用于打开最近使用过的文档或创建新文档。如果不希望每次启动时都显示这个界面，可以在"首选项"下的"常规"设置中进行调整。

图 1-5 通过"开始"菜单启动 Dreamweaver　　图 1-6 Dreamweaver 2021 的开始界面

3. 退出 Dreamweaver 2021

退出 Dreamweaver 2021 的方法主要有以下两种：

（1）单击"文件"菜单中的"退出"选项，如图 1-7 所示。

（2）直接单击窗口右上角的"Close"按钮，如图 1-8 所示。

4. Dreamweaver 2021 的工作环境

点击欢迎界面上的"新建"按钮，或者执行"文件"→"新建"命令，将弹出"新建文档"对话框，如图 1-9 所示。在该对话框中，选择文档类型为"HTML5"，框架选项选择"无"，然后点击"创建"按钮，即可进入 Dreamweaver 2021 的工作界面，如图 1-10 所示。Dreamweaver 2021 的工作界面主要由菜单栏、文档工具栏、通用工具栏、文档窗口、状态栏以及浮动面板组等部分组成。

（1）菜单栏。

工作界面的最上方是菜单栏，它是使用 Dreamweaver 2021 的最基本途径。绝大多数功能都可以通过访问菜单来实现，包括文件、编辑、查看、插入、工具、查找、站点、窗口和帮助 9 个菜单项，如图 1-11 所示。

图 1-7 通过"文件"菜单退出　　　　图 1-8 单击"Close"按钮退出

图 1-9 "新建文档"对话框　　　　图 1-10 Dreamweaver 2021 的工作界面

图 1-11 菜单栏

（2）文档工具栏。

文档工具栏位于文档窗口的顶部，主要包含用于在文档的不同视图之间进行快速切换的常用命令，如图 1-12 所示。通过"窗口"→"工具栏"→"文档"命令可以打开或关闭文档工具栏。

图 1-12 文档工具栏

"代码"按钮的功能是切换到代码视图，展示当前文档的代码，允许用户编辑插入的脚本，并对脚本进行检查与调试等操作。"设计"按钮则用于切换到设计视图，在该视图中，用户可以利用各种工具或命令轻松创建和编辑文档，即便不了解 HTML 代码，也能制作出精美的网页。设计视图所呈现的内容与浏览器中的显示效果保持一致。"拆分"按钮的作用是切换到拆分视图，使得用户能够在同一屏幕上同时查看"设计"和"代码"

两种视图。点击"设计"按钮旁的三角形下拉按钮，可以进一步切换到实时视图，这样用户无须打开浏览器窗口就能实时预览页面的效果。实时视图与设计视图的主要区别在于，它更忠实地模拟了页面在浏览器中的实际显示效果，但在此视图模式下，用户无法进行代码编辑。

（3）通用工具栏。

通用工具栏位于工作界面的左侧，如图 1-13 所示，它集合了一系列与查看文档、在本地与远程站点间传输文件以及代码编辑相关的常用命令和选项。需要注意的是，通用工具栏的显示内容可能会因视图和工作区模式的不同而有所变化。

：单击该按钮显示当前打开的所有文档列表。

：单击该按钮弹出文件管理下拉菜单。

：扩展全部代码。

：格式化源代码。

：应用注释。

：删除注释。

：自定义工具栏。单击该按钮打开"自定义工具栏"对话框，如图 1-14 所示。在工具列表中勾选需要的工具的复选框，即可将工具添加到通用工具栏中。

：在实时视图模式下该按钮可见。单击该按钮可以打开 CSS 检查模式，以可视方式调整设计，实现期望的样式设计。

（4）"插入"面板。

Dreamweaver 2021 的"插入"面板默认位于工作界面右侧的浮动面板组中。单击浮动面板组中的"插入"按钮，即可切换到"插入"面板，如图 1-15 所示。

"插入"面板包含 7 组选项，每组选项对应不同类型的对象。初始选项为 HTML，单击 HTML 右侧的下拉按钮，可以根据需要在弹出的下拉列表中选择相应的选项进行切换，如图 1-16 所示。

使用"插入"菜单同样可以实现各种对象的插入。用户可以根据自己的使用习惯来选择使用"插入"菜单还是"插入"面板。

图 1-13 通用工具栏　　图 1-14 "自定义工具栏"对话框

（5）文档窗口。

文档窗口主要用于文档的编辑工作，包括输入文字、插入图片以及进行文档排版等，且支持同时编辑多个文档。通过选择不同的视图模式，可以实现不同的功能：单击"设计"按钮，即可在"设计"视图下便捷地利用工具或命令来创建和编辑文档，如图 1-17 所示；单击"代码"按钮，则可对代码进行编辑、检查及调试等操作，如图 1-18 所示；若要同时关注设计样式与代码显示，则应切换到"拆分"视图来实现，如图 1-19 所示。

图 1-15 "插入"面板

图 1-16 切换不同插入选项

图 1-17 "设计"视图

图 1-18 "代码"视图

图 1-19 "拆分"视图

（6）"属性"面板。

默认状态下，Dreamweaver 2021 没有开启"属性"面板，用户可以通过单击"窗口"→"属性"命令打开"属性"面板，选中网页中的某一对象后，"属性"面板可以显示被选中对象的属性，如图 1-20 所示。通过"属性"面板可以修改选中对象的各项属性值。

图 1-20 "属性"面板

（7）浮动面板组。

Dreamweaver 2021 的浮动面板组位于工作界面的右侧，包括"文件"面板、"CSS 设计器"面板、"行为"面板、DOM 面板和"资源"面板等。用户可以根据需要通过菜单栏中的"窗口"命令来打开或关闭这些面板，如图 1-21 所示。

5. Dreamweaver 2021 的新特性

Dreamweaver 2021 提供了极为全面的网页设计功能，相较于上一个版本，它在功能操作上得到了进一步的完善，为用户带来了全新的使用体验。这款软件主要利用 HTML、CSS、JavaScript 等多种编程语言来进行网页设计，能够轻松协助用户打造出精美的网页界面。与之前的版本相比，新版本为用户提供了一个更加集成、高效的操作平台，便于快速创建吸引眼球、符合标准的网站和应用程序。下面简要介绍 Dreamweaver 2021 的特性。

（1）改进。

增强了与最新操作系统版本（macOS 和 Windows）的兼容性，并修复了多项错误。

图 1-21 "窗口"菜单

（2）停用功能。

在 Dreamweaver 2021 版本中，图像优化和 API 列表功能已被停用。

（3）编辑时启用 Linting。

最新版本引入了编辑时启用 Linting 功能，以优化自动化的代码检查。借助这一全新增强功能，用户在编辑 HTML（.htm 和 .html）、CSS、DW 模板和 JavaScript 文件时，可以在输出面板中同步查看错误和警告信息。

（4）安全性增强。

OpenSSL：Dreamweaver 现已与最新版本的 OpenSSL 集成（已从 1.0.2o 升级到 1.0.2u）。

LibCURL：Dreamweaver 现已与新版 LibCURL 集成（已从 7.60.0 升级到 7.69.0），确保用户能够安全连接。

Xerces：Dreamweaver 现已升级，采用了新版 Xerces。

Ruby：Dreamweaver 现已与新版 Ruby 集成。

（5）使用 Bootstrap 4 构建响应式站点。

专注于移动优先设计，Dreamweaver 能够帮助用户轻松制作出美观的响应式站点，并在后台处理所有烦琐的工作。

（6）实时预览代码更改。

通过实时预览功能，用户可以在浏览器和设备中即时查看所做的更改。

（7）Git 支持。

Dreamweaver 支持使用 Git 实现高级的源代码控制。

（8）更高效地编写 CSS。

内置了对 CSS 预处理器（如 Less 和 Sass）的支持，使编写 CSS 更加高效。

三、学习任务小结

本次学习任务主要讲解了 Dreamweaver 2021 的基础知识和基本操作方法，涵盖了 Dreamweaver 2021 的安装、启动、退出流程，以及主要工作界面的布局和功能。通过学习这些内容，同学们初步认识和了解了 Dreamweaver 2021 工作界面的组成部分，为今后的网站设计和制作奠定了坚实的基础。

四、课后作业

完成 Dreamweaver2021 软件的安装。

创建和管理站点

教学目标

（1）专业能力：学生能够规划和组织站点结构，包括文件夹、子文件夹以及文件的命名规范；能够熟练使用 Adobe Dreamweaver（简称 DW）的软件环境，创建、编辑和管理网页。

（2）社会能力：学生能够分析不同类型的站点结构，并能按照要求命名站点文件、归类文件，使网站文件条理清晰；通过共同完成项目来培养团队协作能力，实现有效沟通。

（3）方法能力：学生能够快速学习软件操作，解决在创建和管理网站过程中遇到的问题；能够分析网站结构并归类文件，以提高后期网站开发的效率。

学习目标

（1）知识目标：能够创建、管理网站；能够找到并使用 DW 中的各种工具和面板。

（2）技能目标：能够理解创建网站的基本流程和架构；能够熟练管理站点中的文件和文件夹，包括新建、删除、重命名等操作。

（3）素质目标：培养自主学习能力，勤加练习，做到举一反三。

教学建议

1. 教师活动

（1）教师通过分析站点的规划和组织思路，详细讲解站点结构。

（2）将思政教育融入课堂教学，以提升学生对中华传统文化的认识。

（3）教师讲解文件夹、子文件夹及文件的命名规范，同时介绍使用 DW 的环境，以及创建、编辑和管理站点的操作步骤；通过实例示范并指导学生进行实训。

2. 学生活动

（1）学生认真聆听教师分析站点结构的规划和组织，掌握创建、编辑和管理站点的相关知识点。

（2）学生观看教师的实例示范，并在教师的指导下进行实践操作。

一、学习问题导入

某品牌企业委托一家信息科技公司为其制作一个用于企业形象宣传的门户网站,该网站将提供企业介绍、新闻发布、文化宣传、产品展示、留言咨询等服务。目前,项目已进入前端设计阶段,旨在展示企业形象、新闻动态、文化宣传以及产品服务。项目要求使用 Adobe Dreamweaver(DW)来创建主题网站,并确保网站能够有效地得到管理和维护。通过完成这一任务,学生将能够掌握站点结构的规划和组织方法,以及 DW 的基本操作,站点的创建与管理,网页的创建、编辑和管理等核心技能。

二、学习任务讲解与技能实训

1. 站点的规划和组织

站点的规划和组织是指在制作网站之前,需要对网站进行精确定位,明确网站的主题及类型,随后规划网站的栏目设置、绘制网站草图以及设计站点文件结构等。

(1)确定网站栏目。经过深入的调查分析,本网站决定设立以下栏目:首页,公司介绍,设备展示,技术知识,设备分类,特色服务,业务商城,关于我们。

(2)设计网页布局。在设计网页布局时,可以先绘制一个草图,只需对页面进行区域划分,并简要标注每个区域将要放置的内容即可。草图的作用是表达设计者的创作意图和网页的大致布局。设计网页布局需要设计人员先整理好网页内容,然后使用纸笔或草图设计工具进行绘制。一旦网页布局确定下来,后续将依据这个布局来设计网站的效果图。如图 1-22 所示。

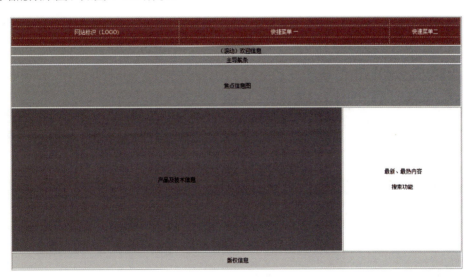

图 1-22　主题网站的版面结构规划图(草图)

(3)规划站点结构。站点文件结构决定了网站中文件的存储位置,对后期网站的制作效率有着显著的影响。一个良好的站点结构应当清晰明了、层次分明、便于导航。例如,通常将图片存放在 images 文件夹中,样式文件存放在 style 文件夹中,模板文件存放在 templates 文件夹中,数据文件存放在 data 文件夹中,管理后台的文件存放在 admin 文件夹中,分类文件存放在 catelist 文件夹中等。如图 1-23 和图 1-24 所示。

2. 实训步骤及要点

(1)文件分类保存:首先创建一个根文件夹,并在其中创建多个子文件夹,如网页文件夹、媒体文件夹、图像文件夹等。对于站点中的一些特殊文件,如模板、库等,最好存放在系统默认创建的专用文件夹中。

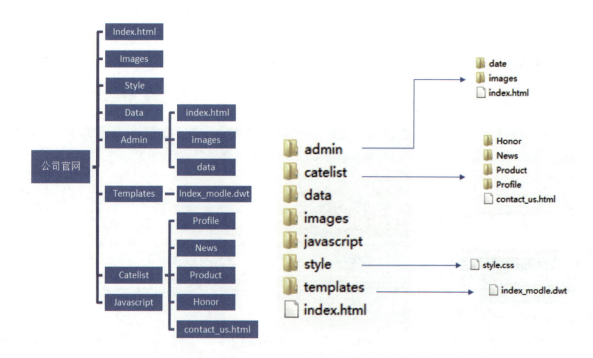

图 1-23 主题网站的文件树状结构图　　图 1-24 主题网站的文件列表

（2）合理命名文件：为了确保文件的清晰度和易于管理，文件的命名应遵循一定的规范，例如使用描述性强且易于理解的名称，并避免使用特殊字符或空格。

知识点：网页文件名使用规范

（1）文件命名原则。

①简洁明了：应追求以最少的字母达到最易理解的效果，避免使用冗长或复杂的文件名。

②使用合法字符：文件名应仅限于使用 a~z、A~Z、0~9、减号（-）和下划线（_）等字符。禁止使用特殊字符，如 @、#、$、%、&、*，以及空格等。

③统一大小写：鉴于大多数网页服务器对大小写敏感，建议统一采用小写英文命名，特别是关键网页文件，如 index.html。

（2）特定文件命名规则。

①首页文件：统一采用 index.html（或根据服务器配置使用 index.htm）作为首页文件名，并保持小写。

②菜单或内容页面：根据菜单名的英文翻译选择单一单词作为文件名，如"关于我们"可命名为 aboutus.html，文件名须保持小写。若文件名由两个或更多单词组成，从第二个单词起首字母大写，如"公司简介"可命名为 aboutUs.html。

③图片文件：以图片内容的英文描述命名，如网站标志的图片可命名为 logo.gif。若图片具有特定状态（如鼠标悬停效果），可在文件名后添加 _on 或 _off 以示区分，如 menu1_on.gif、menu1_off.gif。

（3）脚本和样式文件命名。

① JavaScript 文件：以功能的英文单词命名，如广告条的 JavaScript 文件可命名为 ad.js。

② CSS 文件：应统一存放在根目录下的 style 文件夹内，命名需遵循 CSS 命名规范。

③ CGI 文件：后缀为 .cgi，配置文件通常命名为 config.cgi。

④ 本地站点与远程站点结构一致性：确保本地磁盘上的站点结构与远程 Web 服务器上的站点结构保持一致，以便于文件的上传和维护。

3. 认识站点面板

熟悉站点面板的各个部分和功能，如菜单栏、工具栏、设计窗口、代码窗口、属性面板、标签栏等，如图1-25所示。

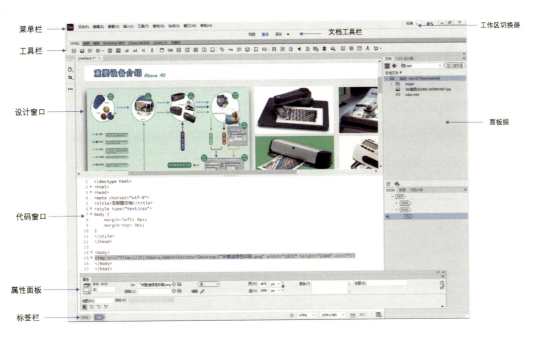

图 1-25 DW 站点面板

（1）菜单栏。

菜单栏位于界面的顶部，集合了 Dreamweaver 2021 的各种核心功能选项。它通常由多个菜单项构成，包括"文件""编辑""查看""插入""工具""查找""站点""窗口""帮助"等。每个菜单项下均设有多个子命令，旨在执行特定操作或访问特定功能。

（2）工具栏。

工具栏通常置于菜单栏之下，提供了一系列便捷的快捷工具按钮，例如"HTML""表单""模板""收藏夹"等。这些工具按钮使用户能够迅速执行常见的编辑和文件操作，从而提升工作效率，如图1-26所示。

图 1-26 DW 工具栏

（3）文档工具栏。

文档工具栏位于文档窗口的顶端，提供了一系列用于切换视图及执行文档操作的按钮。这些按钮涵盖"代码""拆分"及"设计"等选项，使用户能在代码视图、拆分视图（即同时展示代码与设计视图）及设计视图（仅展示设计视图）之间自由切换。此外，文档工具栏还可能包含"在浏览器中预览/调试"及"刷新"等实用功能按钮。

（4）文档窗口。

文档窗口作为 Dreamweaver 2021 的核心工作区域之一，负责展示及编辑当前开启的文档。在此窗口中，用户可查阅并编辑 HTML 代码、CSS 样式以及网页的设计布局。通过点击文档工具栏上的不同按钮，用户能轻松地在各种视图模式间转换。

（5）面板组（浮动窗口）。

Dreamweaver 2021 的左侧或右侧（依据用户自定义的布局而定）常设有一系列面板组，这些面板组为用户提供了多样的辅助工具及功能。面板组的内容可能涵盖实时视图、代码视图、属性面板、搜索面板、文件面板等。用户可根据实际需求开启或关闭这些面板，以便更有效地管理和利用它们。

（6）自定义工作区布局。

Dreamweaver 2021 赋予用户自定义工作区布局的能力，使用户能根据个人习惯排列和组合常用的工具、面板及窗口。用户可通过选择菜单栏中的"窗口"→"工作区布局"来访问预设的工作区布局选项，或通过拖动和放置面板来创建个性化的布局。这种灵活性使用户能根据自己的工作流程和偏好优化工作环境。

（7）响应式设计预览。

Dreamweaver 2021 支持响应式设计预览功能，使用户能在实时视图中观察网页在不同设备及屏幕尺寸下的显示效果。此功能对于确保网页在各种设备上均能良好显示并提升用户体验至关重要。

4. 创建站点

第一步，创建新站点。

双击桌面上的 Dreamweaver 2021 图标，启动 Dreamweaver 2021，进入编辑界面。

（1）新建站点。

点击菜单栏中的"站点"选项，在下拉菜单中选择"新建站点"，如图 1-27 所示。

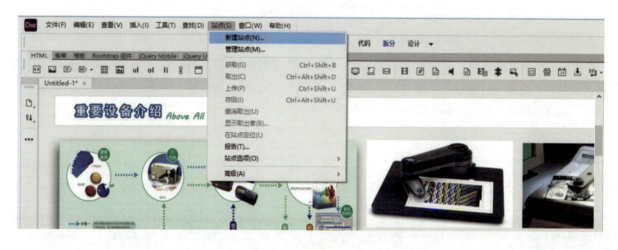

图 1-27　新建站点

（2）填写站点信息。

在弹出的"站点设置"对话框中，输入站点的名称，选择或输入站点文件的本地保存位置，点击"保存"，如图 1-28 所示。

第二步，配置服务器（如搭建 PHP 环境）。

（1）选择服务器类型。

若计划利用 PHP 提供动态服务，请在对话框中选择"Serve Dynamically with PHP（使用 PHP 进行动态服务）"。点击"下一步"继续操作。

（2）配置服务器设置。

点击"Servers（服务器）"选项，随后点击右上角的"+(添加)"按钮。

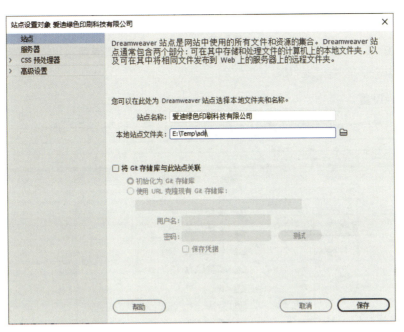

图 1-28 填写站点信息

在弹出的对话框内，输入服务器的名称，并选择"PHP MySQL（PHP 与 MySQL）"作为服务器模型。接着，输入服务器的主机名、用户名和密码等相关信息。点击"测试"按钮以确保服务器设置无误。最后，点击"保存"按钮以完成服务器设置。

第三步，设定站点根目录。

返回至"站点设置"对话框，选择"Local Info（本地信息）"。点击"Browse（浏览）"按钮，选择一个本地的文件夹作为站点的根目录进行保存。点击"下一步"继续。

第四步，设定远程服务器信息（可选）。

若用户希望通过远程服务器托管站点，可在"Remote Info（远程信息）"对话框中设置相关信息。输入服务器的 FTP 地址、用户名、密码等信息。点击"测试"按钮以验证设置是否正确。点击"保存"按钮完成远程服务器设置。如图 1-29 所示。

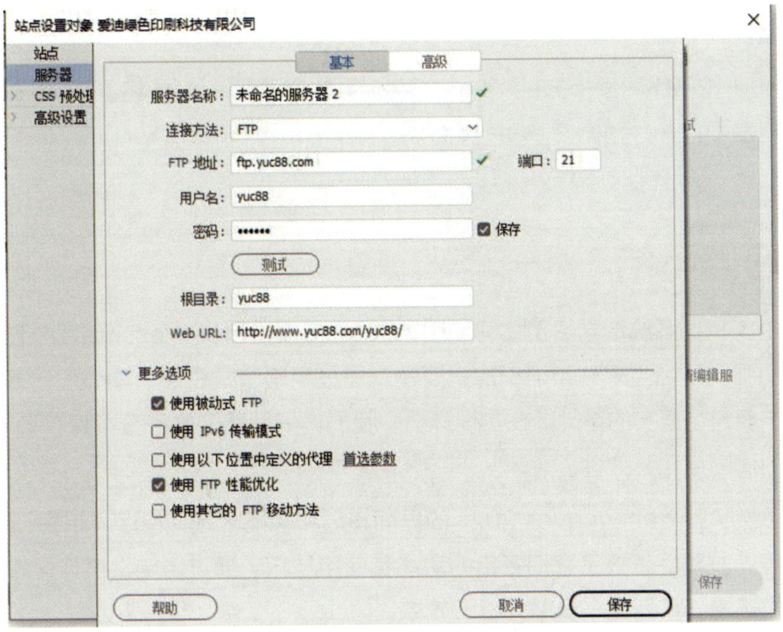

图 1-29 设定远程服务器信息

第五步，设定 URL 前缀。

在对话框中，点击"Testing Server（测试服务器）"。选择希望使用的 URL 前缀，这个前缀将用于在浏览器中预览站点。点击"下一步"继续。

第六步，完成站点设置。

在对话框中，点击"Done（完成）"按钮，以完成站点设置。如图 1-30 所示。

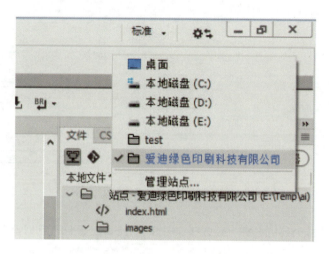

图 1-30 完成站点设置

第七步，创建 PHP 页面（如果搭建 PHP 环境）。

（1）新建 PHP 页面。

点击菜单栏的"文件"选项，在下拉菜单中选择"新建"。在弹出的对话框中，选择"PHP Page（PHP 页面）"。随后，Dreamweaver 2021 将打开一个空白的 PHP 页面供用户编写 PHP 代码。

（2）编辑并保存页面。

在 Dreamweaver 2021 的代码视图中输入 PHP 代码。编写完成后，点击菜单栏的"文件"，然后选择"保存"以保存页面。

第八步，预览页面。

点击 Dreamweaver 2021 界面上方的"Live View（实时预览）"按钮。Dreamweaver2021 将自动在用户之前设置的浏览器中打开并预览该 PHP 页面。

三、学习任务小结

在本次学习任务中，我们系统地学习了如何使用 Adobe Dreamweaver 来创建并管理企业宣传门户网站的全过程。首先，我们强调了站点规划和组织的重要性：通过明确网站栏目、精心设计网页结构以及合理规划站点结构，为网站制作奠定了坚实的基础。在实训环节，我们详细阐述了文件分类保存和合理命名文件的规则，以确保网站文件管理的清晰度和高效性。

接着，我们深入探索了 Dreamweaver 2021 的界面布局和功能区域，包括菜单栏、工具栏、文档工具栏、文档窗口以及面板组等，并熟练掌握了它们各自的功能和使用技巧。通过自定义工作区布局，我们学会了如何根据个人偏好优化工作环境，从而进一步提升编辑效率。

在创建站点的具体流程中,我们详细展示了如何创建新站点、配置服务器(若需搭建 PHP 环境)、设置站点根目录、填写远程服务器信息(可选)、设定 URL 前缀,并最终顺利完成站点设置。特别值得一提的是,我们还详细讲解了如何创建和编辑 PHP 页面,并利用实时预览功能来查看网页效果,以确保网页设计的精确性和用户体验的优化。

通过这次学习,我们不仅熟练掌握了 Dreamweaver 2021 的基本操作和站点的创建与管理方法,还学会了网页的创建、编辑及管理等关键技能,为日后从事网页设计相关工作奠定了坚实的基础。

四、课后作业

1. 题目

创建一个模拟企业宣传门户网站的初步框架。

2. 任务要求

(1)站点规划与组织。

确定模拟企业宣传门户网站所需的核心栏目,包括但不限于首页、公司介绍、产品展示、新闻动态、服务与支持、联系我们。

设计一份网页结构草图,清晰标注各区域的内容与布局。

规划站点文件结构,明确图片、样式表(CSS)、JavaScript 文件、模板文件等的存放文件夹。

(2)Dreamweaver 操作。

利用 Dreamweaver 软件,新建一个站点,并依据规划填写站点名称,选择或指定站点文件保存的本地路径。

设定站点根目录,确保所有网站文件均保存在此目录下。

创建必要的文件夹,例如 images(用于存放图片)、style(用于存放 CSS 文件)、scripts(用于存放 JavaScript 文件)等,以符合既定的站点文件结构。

(3)文件命名与组织。

确保所有文件遵循规范的命名原则进行命名,如使用小写字母、避免使用特殊字符等。

将所有相关文件分门别类地存放在正确的文件夹中,以保持站点结构的条理清晰与有序。

3. 提交要求

提交一份涵盖站点规划、网页结构草图、站点文件结构图的文档。文档格式可为 Word、PDF 或图片格式。

学习任务三 网页文档的基本操作

教学目标

（1）专业能力：学生能够在 Dreamweaver 2021 的工作界面中新建站点，并在站点中进行网页文档的各项操作；了解 HTML 相关概念，掌握网页文档中基本的 HTML 标签，为后续网页设计的学习和实践打下坚实基础。

（2）社会能力：学生能够在站点中按要求规范地命名和归类文件；通过共同完成项目，培养创新能力、沟通能力和应变能力，并掌握团队协作与冲突解决的方法。

（3）方法能力：学生能快速理解并掌握一体化学习教育理念，通过项目学习，提升解决问题的能力和自主学习能力。

学习目标

（1）知识目标：了解 HTML 相关的基本知识。

（2）技能目标：能够熟练掌握 Dreamweaver 2021 中网页文档的基本操作，包括新建、保存、打开和关闭网页文档等。

（3）素质目标：培养学习网页设计的兴趣，提高自主学习能力、解决问题的能力和团队协作能力。

教学建议

1. 教师活动

（1）教师通过分享常用的网页实例，让学生认识到学习 HTML 语言的重要性，使学生对使用 HTML 语言制作网页有一个直观的概念。

（2）在课堂教学中融入思政元素，加深学生对中华传统文化的认识和理解。

（3）设计实用性项目任务，引导学生通过完成任务来学习和掌握软件操作；鼓励学生积极参加网页设计竞赛，激发学生的内驱力和创造力，并及时提供必要的指导和支持。

2. 学生活动

（1）学生观看实例示范，积极参与课堂实践，完成教师布置的项目任务，以巩固所学知识。

（2）在教师的指导下，学生可以通过小组合作共同完成项目任务，以培养团队协作和沟通能力。

（3）提升内驱力，进行个性化创意设计网页制作，并主动参加各种网页设计竞赛，以提升实践能力和创新思维能力。

一、学习问题导入

打开一个你经常浏览的网页（例如对分易教学平台：https://www.duifene.com），在网页的空白处，用鼠标右键单击，并在弹出的菜单中选择"查看源"（通常快捷键为 Ctrl+U），以查看该网页的源代码文件，如图 1-31 和图 1-32 所示。

图 1-32 中的代码就是用 HTML 语言编写的。那么这些代码分别是什么意思，起到什么作用呢？

教学组织流程如图 1-33 所示。

图 1-31 在弹出菜单中选择"查看源"

图 1-32 查看网页的源代码

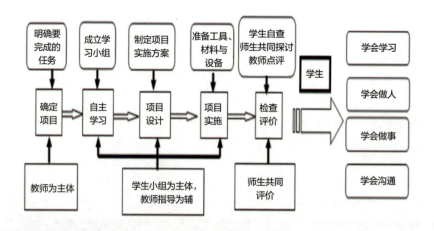

图 1-33 教学组织流程

二、学习任务讲解与技能实训

知识点一：了解 HTML 相关概念

万维网 WWW（World Wide Web）也被称为 Web，是基于客户机/服务器模式的信息检索技术和超文本技术的结合。WWW 服务器利用超文本标记语言 (hypertext markup language，HTML) 将信息组织成包含图像和文本的超文本，并通过链接实现从一个网页跳转到另一个网页。HTML 是构建网页的基础语言，它由一系列标签构成，用于描述网页的结构和内容。HTML 是一种统一网页标准的语言，使用 HTML 创建的网页能够被浏览器正确解析和显示。在学习网页文档的基本操作时，掌握使用 HTML 制作网页的基本技巧是至关重要的。

知识点二：HTML 语言的基本结构

在文档的起始位置添加 <html> 标签，并在文档的末尾添加 </html> 标签，以标识 HTML 文档的开始和结束。在 <html> 标签内部，应当包含一个 <head> 标签和一个 <body> 标签，它们分别用于设置网页的头部信息和主体内容。

HTML 语言的基本结构如下：

<!doctype html>
<html>
<head>
<meta charset="utf-8">
<title> 爱迪绿色科技有限公司 </title>　　/* 网页标题 */
</head>
<body>
爱迪绿色科技有限公司　　/* 网页主体内容，包括文字、图片、链接等内容 */
</body>
</html>

知识点三：网页文档的基本操作

网页文档的基本操作包括新建、保存、打开和关闭网页文档。

1. 新建网页文档

按照上节课所学的操作步骤新建站点后，在菜单栏中选择"文件"→"新建"命令，此时会弹出"新建文档"对话框。在"文档类型"下拉列表框中，选择"PHP"选项，如图 1-34 所示。接着，在"框架"选项组中，选择"无"。然后，输入文件名，并确保选择保存类型为 PHP（注意，默认文件类型可能是 htm 或 html，需要手动更改为 PHP）。最后，点击"保存"按钮。这样，就新建了一个名为 index.php 的网页文档，如图 1-35 所示。

图 1-34　新建文档类型为 PHP

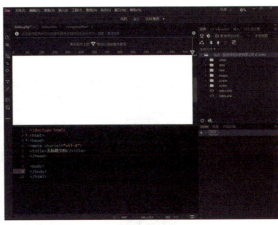

图 1-35　新建网页文档 index.php

提示：

（1）<> 内的标记符号（包括 <>）必须在英文半角状态下输入。

（2）文件保存时，注意扩展名为 html 或 htm。如果搭建 PHP，则扩展名为 php。

2. 设置网页标题

在 <head> 标签里面添加 <title> 标签，用来设置网页的标题。例如：

<title> 爱迪绿色科技有限公司 </title>

这样就可以在浏览器的标签栏里显示网页的标题，如图 1-36 所示。

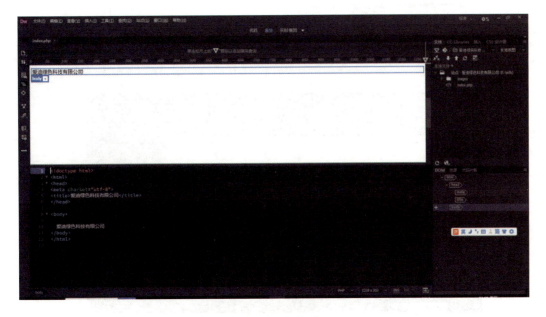

图 1-36　设置网页标题

3. 添加网页主体内容

在 <body> 标签里面可以添加各种内容，如文字、图片、链接等。

（1）插入图片。

方法一：在菜单栏中选择"插入"→"HTML"→"images"命令（Ctrl+Alt+I），如图1-37所示；选择图片文件，如图1-38所示；插入图片后设置图片尺寸（例如：宽403、长302），如图1-39所示。

图1-37 插入图片

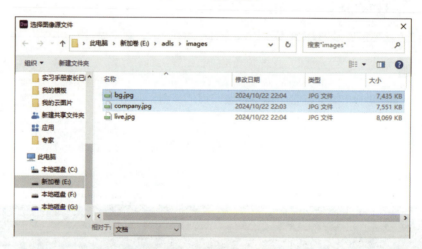

图1-38 选择图片文件

图1-39 插入图片后设置图片尺寸

方法二：可用 <img> 标签来添加，注意设置图片的路径和尺寸。输入下面的 html 代码：

```
<img src="images/bg.jpg" width="403" height="302" alt=""/>
```

提示：

①光标放在 <body> 与 </body> 之间，再按以上步骤插入图片。

②使用透明的 GIF 格式图片 bj.gif 作为页面的背景图像时，如果同时设置页面的背景颜色，那么背景颜色将会透过 GIF 图片的透明部分显示出来，实现背景颜色与背景图像的同时生效。

（2）添加文字。

可用 <p> 标签来表示段落，<h1> 至 <h6> 标签来表示不同的标题级别。在网页主体输入文字并设置标题等级，如图 1-40 所示。

```
<!doctype html>
<html>
<head>
<meta charset="utf-8">
<title>爱迪绿色科技有限公司</title>
</head>

<body>
    <p>爱迪绿色科技有限公司</p>
    <h1>公司简介</h1>
    <h2>公司经营范围</h2>
    <h3>公司产品介绍</h3>
    <h4>公司合作伙伴</h4>
    <h5>招商引资政策</h5>
    <h6>关于我们</h6>
<img src="../images/bg.jpg" width="403" height="302" alt=""/>
</body>
</html>
```

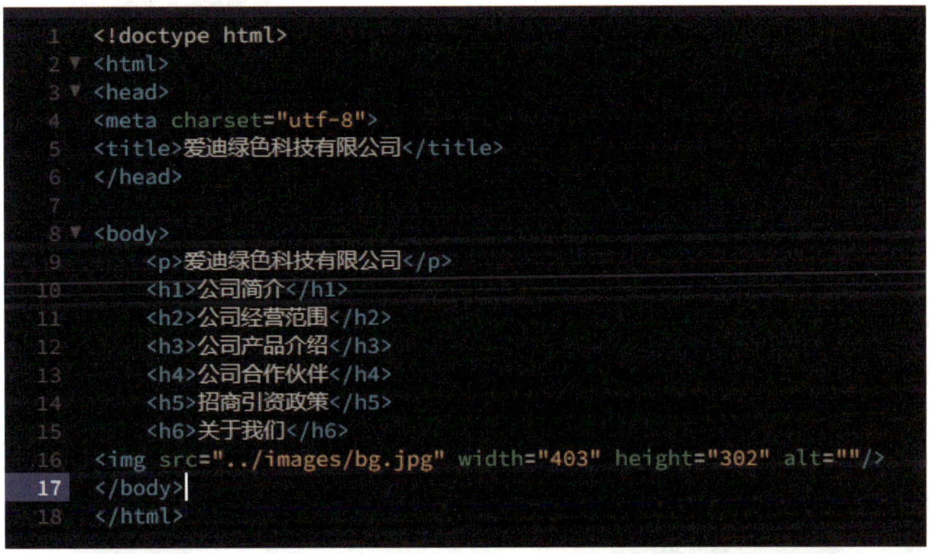

图 1-40　输入文字并设置标题等级

预览效果如图 1-41 所示。

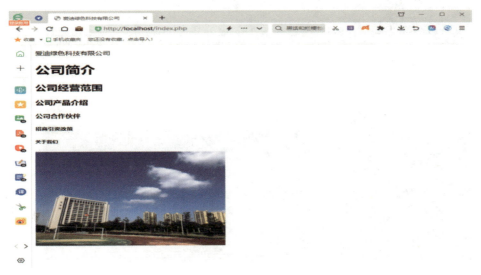

图 1-41　设置标题等级预览效果图

（3）插入链接。

方法一：在菜单栏中选择"插入"→"HTML"→"Hyperlink"命令（Ctrl+P）插入链接，如图1-42所示；选择链接文件，如图1-43所示；选择打开跳转网页内容所在的窗口，如图1-44所示；输入文本、标题等信息，如图1-45所示。

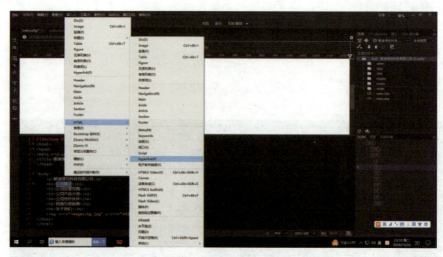

图1-42 插入链接

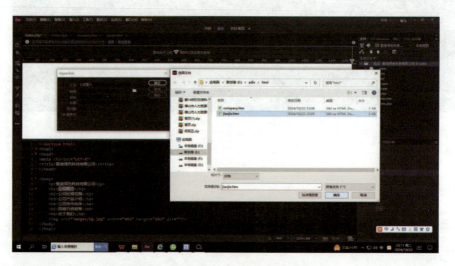

图1-43 选择链接文件

图1-44 选择打开跳转网页内容所在的窗口

图1-45 输入文本、标题等信息

设置超链接的预览效果如图 1-46 所示；用鼠标点击"公司简介"，可在同一窗口跳转显示另一网页内容，如图 1-47 所示。

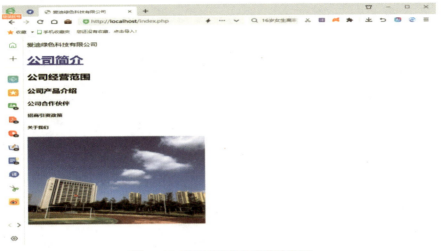

图 1-46　设置超链接的预览效果图

图 1-47　链接跳转显示另一网页内容

方法二：可以用 <a> 标签来创建，需要设置链接的地址和显示的文字内容。输入以下代码：

`<a href="jianjie.htm" title=" 爱迪绿色科技有限公司简介 " target="_self"> 公司简介 </a>`

点击图片，在菜单栏中选择"插入"→"HTML"→"Hyperlink"命令（Ctrl+P），点击图片左上角 img 按钮，在 link 框里输入"html/company.htm"等信息，如图 1-48 所示。

创建链接代码如下：

`<a href="html/company.htm" target="_self">`
`<img src="images/bg.jpg" width="403" height="302" alt=""></a>`

4. 样式设置

通过 CSS（Cascading Style Sheets）为网页添加样式，CSS 可以在 <head> 标签内使用 <style> 标签来设置。CSS 样式的具体操作步骤详见项目四。通过设置样式表，可以改变文字的颜色、大小以及页面的布局等，如图 1-49 和图 1-50 所示。

图 1-48　在图片中创建链接

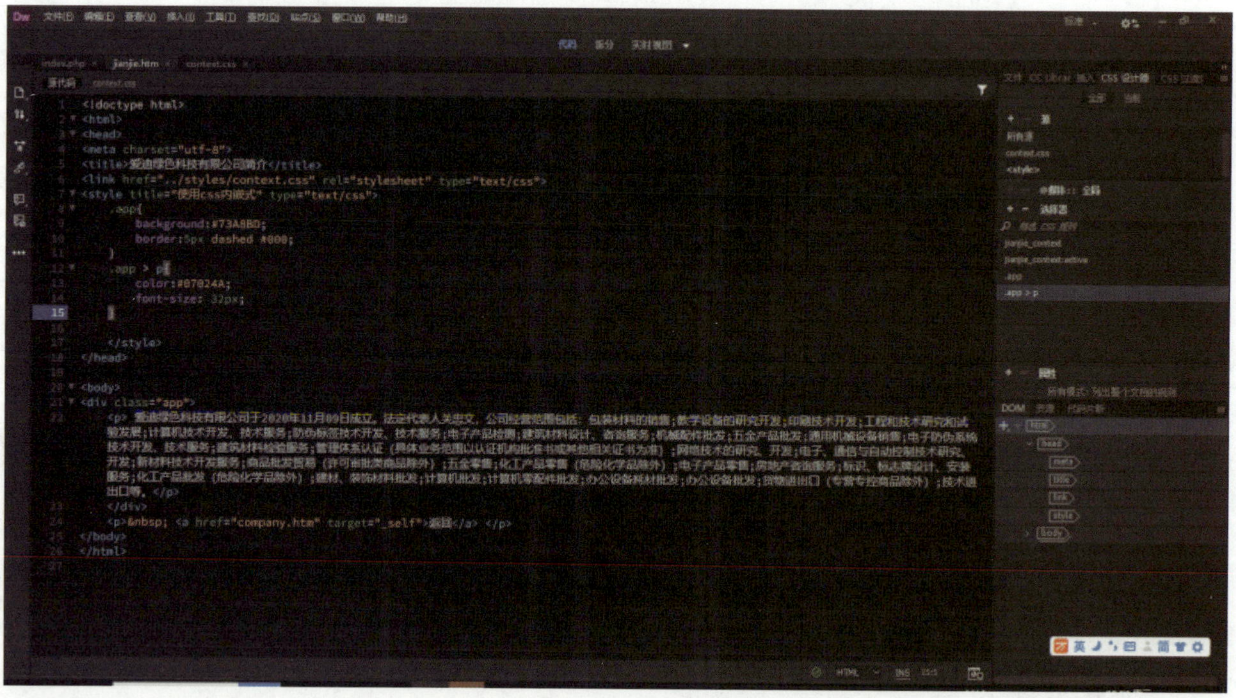

图 1-49　利用 CSS 进行样式设置

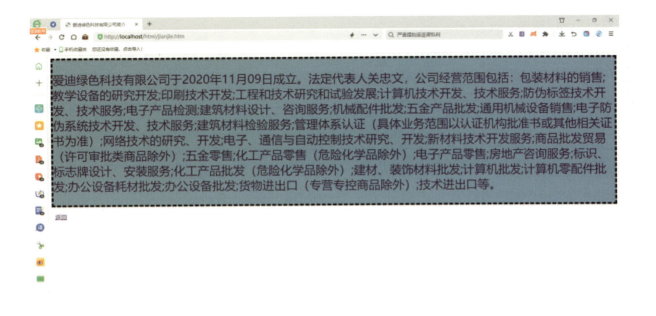

图 1-50 CSS 样式效果图

样式文件 context.css 的内容如下：

```css
@charset "utf-8";
jianjie_context {
    -webkit-transition: all;
    -o-transition: all;
    transition: all;
}
jianjie_context:active {
    font-size: x-large;
    font-family: "楷体";
    font-style: normal;
}
```

在 <head> 标签中，添加如下代码：

```html
<style title=" 使用 css 内嵌式 " type="text/css">
    .app{
            background:#73A8BD;
            border:5px dashed #000;
    }
    .app > p{
            color:#07024A;
            font-size:32px;
    }
</style>
```

5. 保存和预览

在编辑完 HTML 文档之后，可以将文件保存为 .html 格式。通过浏览器打开该文件，可以预览网页的效果。可以不断地调整和修改 HTML 文件，直到达到自己满意的效果。

提示：

（1）保存网页文档。

在菜单栏中选择"文件"→"保存"命令，弹出"另存为"对话框；在对话框中输入文件名，选择保存类型，点击"保存"按钮。

（2）打开网页文档。

在菜单栏中选择"文件"→"打开"命令，选择要打开的网页文件，点击"打开"按钮。

（3）关闭网页文档。

在菜单栏中选择"文件"→"关闭"命令，或者点击窗口右上角的关闭按钮。

三、学习任务小结

通过以上的基础方法，可以初步掌握如何利用 HTML 制作网页。在学习 HTML 的过程中，建议不断尝试添加新的标签和属性，进行实践和调试，从而提升自己的网页制作技能。HTML 作为网页的基础语言，能够为网页设计提供一个稳固的框架，有助于更好地展示网页内容和设计风格。

在本次学习任务中，我们学习了使用 Dreamweaver 2021 进行网页文档的基本操作，掌握了 HTML 语言的相关概念、网页基本结构的 HTML 标签。我们既可以使用记事本、HBuilderX 等软件来创建 HTML 文件，也可以通过 DW 来创建。本次学习任务还介绍了快捷键等多种方式，旨在帮助学生优化学习环境，提高编辑效率。教师在巡查过程中应收集学生遇到的问题，并通过评价学生作品来指出并解决学生在操作时的问题。

通过本次学习任务，学生不仅掌握了 Dreamweaver 2021 的网页文档基本操作，还深入学习了 HTML 语言的相关概念、基本结构，以及网页的创建、编辑和管理等技能，为今后从事网页设计相关工作奠定了坚实的基础。

四、课后作业

（1）分组选择网站主题，并进行小组内部分工。

（2）收集制作网站所需的资料，包括图片等信息。

（3）根据上一个学习任务的要求，修改网站的初步框架和站点文件结构图。

（4）完善网页的首页文件，即 index.php。

（5）提交一份包含站点规划、网页结构草图以及站点文件结构图的文档（提交形式可以是 Word、PDF 或图片格式），并同时提交网站文件夹。

（6）填写"任务评价表"，并将作业上传至指定位置。

项目二
创建和编辑网页元素

学习任务一　添加并设置文本
学习任务二　插入图像和多媒体元素
学习任务三　创建超链接

学习任务一 添加并设置文本

教学目标

（1）专业能力：使学生掌握网页制作的相关基础知识，包括如何插入各类网页元素并进行编辑，以及如何利用各种工具进行页面布局等；了解网站设计、发布和管理的流程，以及网站的规划方法；同时，掌握结合多种网页制作软件和图像处理软件来设计网站的方法。

（2）社会能力：培养学生的团队协作和沟通能力，使学生具备与他人就设计计划进行有效沟通的能力。

（3）方法能力：学生应具备分析问题、解决问题的能力，拥有持续学习、独立思考的基本能力，以及获取新知识、新技能、新方法的能力。此外，学生还应熟悉基本的 Web 创作术语，了解 Web 创作行业中使用的基本设计原则和最佳实践，并具备对超文本标记语言（HTML）和层叠样式表（CSS）的应用能力。

学习目标

（1）知识目标：掌握输入和编辑文本的方法，以及设置水平线的技巧。

（2）技能目标：能够使用 HTML 代码制作包含图像和文本的网页，并学会通过 HTML 代码设置图像、文本以及水平线的属性。

（3）素质目标：培养勤于探索、主动学习的意识，增强将来成为网页制作专业人才的信心。

教学建议

1. 教师活动

（1）讲解 Dreamweaver 2021 的基本操作和界面布局，确保学生了解如何使用工具栏、菜单栏和属性面板进行基本的文本编辑。

（2）演示如何使用 CSS 样式来美化文本，包括字体、大小、颜色、对齐方式等属性，并展示如何将这些样式应用到网页的不同元素上。

（3）提供实例和练习，让学生通过实际操作掌握使用 Dreamweaver 2021 的各项功能来添加和设置文本的方法。

2. 学生活动

（1）跟随教师的演示进行操作，通过实践加深对课堂内容的理解。

（2）自主设计一个小型网页项目。在这个项目中，学生可以自由选择主题，并使用 Dreamweaver 2021 添加和设置文本，以及其他网页元素。

（3）互相分享和评价作品。通过互动，学生可以学习到不同的设计技巧和方法，同时能从他人的作品中获得灵感。

一、学习问题导入

文本是网页设计中的基本元素。本次任务主要讲解文本的输入与编辑方法，以及水平线与网格的设置技巧。通过学习这些内容，同学们可以熟练掌握文本工具和命令，在网页中灵活地输入和编辑文本内容，合理地设置水平线与网格，并运用丰富的字体和多样的编排手段，充分展现出网页的内容与魅力。

二、学习任务讲解与技能实训

知识点一：编辑文本格式

1. 输入文本

在使用 Dreamweaver 2021 编辑网页时，文档窗口中的光标默认处于显示状态。若要添加文本，首先需要将光标移动到文档窗口的编辑区域内，随后即可直接输入文本，操作方式与其他文本编辑器相似。具体地，打开一个文档后，只需在文档中单击鼠标左键以放置光标，然后在光标后方输入所需文本即可，如图 2-1 所示。

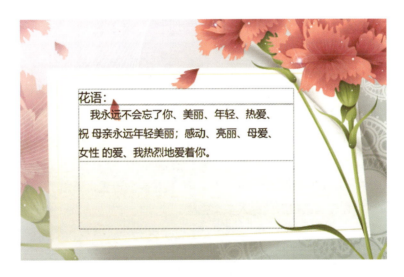

图 2-1 输入文本

2. 设置文本属性

利用文本属性，我们可以方便地修改选中文本的字体、字号、样式和对齐方式等，从而达到预期的效果。要访问这些属性，可以选择"窗口"菜单下的"属性"命令，或者按下 Ctrl+F3 组合键，将弹出"属性"面板。在"属性"面板中，无论是 HTML 属性还是 CSS 属性，都可以进行文本属性的设置，如图 2-2 和图 2-3 所示。

图 2-2 HTML 属性面板

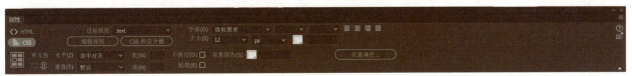

图 2-3 CSS 属性面板

"属性"面板中各选项的含义如下。

"格式"选项：用于设置所选文本的段落样式。例如，使段落应用"标题1"的段落样式。

"ID"选项：用于设置所选元素的ID名称。

"类"选项：用于为所选元素添加CSS样式。

"链接"选项：用于为所选元素添加超链接效果。

"目标规则"选项：用于设置已定义的或引用的CSS样式为文本的样式。

"字体"选项：用于设置文本的字体组合。

"大小"选项：用于设置文本的字级。

"颜色"按钮：用于设置文本的颜色。

"粗体"按钮 B、"斜体"按钮 I：用于设置文字格式。

"左对齐"按钮、"居中对齐"按钮、"右对齐"按钮、"两端对齐"按钮：用于设置段落在网页中的对齐方式。

"无序列表"按钮、"编号列表"按钮：用于设置段落的项目符号或编号。

"删除内缩区块"按钮、"内缩区块"按钮：用于设置段落文本向右凸出或向左缩进一定距离。

3. 输入连续空格

在默认状态下，Dreamweaver 2021只允许网站设计者输入一个空格，要输入连续多个空格则需要进行设置或通过特定操作才能实现。具体操作步骤如下。

（1）选择"编辑"→"首选项"命令，弹出"首选项"对话框。

（2）在"首选项"对话框左侧的"分类"列表中选择"常规"选项，在右侧的"编辑选项"选项组中选择"允许多个连续的空格"复选框，如图2-4所示，单击"应用"按钮完成设置，单击"关闭"按钮关闭对话框。此时，用户可连续按Space键在文档编辑区内输入多个空格。

4. 设置显示或隐藏不可见元素

设置显示或隐藏某些不可见元素的具体操作步骤如下。

（1）选择"编辑"→"首选项"命令，弹出"首选项"对话框。

（2）在"首选项"对话框左侧的"分类"列表中选择"不可见元素"选项，根据需要选择或取消选择右侧的多个复选框，以实现不可见元素的显示或隐藏，如图2-5所示，单击"应用"按钮完成设置，单击"关闭"按钮关闭对话框。

最常用的不可见元素包括换行符、脚本、命名锚点、AP元素的锚点以及表单隐藏区域，通常这些元素被设置为不可见。然而，细心的网页设计者会发现，尽管在"首选项"对话框中已经将这些不可见元素设置为显示状态，但在网页的设计视图中依然无法看到它们。为了解决这个问题，还必须选择"查看"→"设计视图选项"→"可视化助理"→"不可见元素"命令，选择"不可见元素"选项。

5. 设置页边距

按照文章的书写规则，正文与页面四周需要留有一定的距离，这个距离被称为页边距。网页设计也遵循同样的原则，在默认状态下，HTML文档的上、下、左、右边距通常不为零。修改页边距的具体操作步骤如下。

（1）选择"文件"→"页面属性"命令，弹出"页面属性"对话框，如图2-6所示。

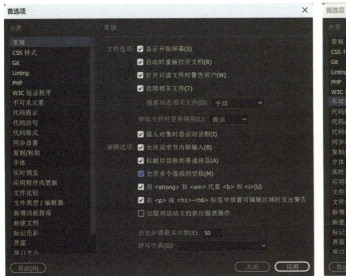
图 2-4 在"首选项"对话框中设置"允许多个连续的空格"

图 2-5 在"首选项"对话框中设置"不可见元素"

图 2-6 "页面属性"对话框

（2）根据需要在对话框的"左边距""右边距""上边距""下边距"选项的数值框中输入相应的数值。这些选项的含义如下。

"左边距""右边距"选项：用于指定网页内容与浏览器的左、右页边距。

"上边距""下边距"选项：用于指定网页内容与浏览器的上、下页边距。

"边距宽度"选项：用于指定网页内容与 Navigator 浏览器的左、右页边距。

"边距高度"选项：用于指定网页内容与 Navigator 浏览器的上、下页边距。

6. 插入换行符

为段落插入换行符有以下几种方法。

①选择"插入"面板中的"HTML"选项卡，单击"字符：换行符"展开式工具按钮 换行符 。

②按 Shift+Enter 组合键。

③选择"插入"→"HTML"→"字符"→"换行符"命令。

在文档中插入换行符的操作步骤如下。

①打开一个网页文件，输入一段文字。

②按 Shift+Enter 组合键，将光标切换到另一个段落。按 Shift+Ctrl+Space 组合键，输入空格，输入文字。

③使用相同的方法，输入换行符和文字。

技能实训一：品牌门窗网页设计

1. 案例分析

本案例将设计制作品牌门窗网页，在设计风格上要表现出公司的特色，效果如图2-7所示。

2. 操作步骤

（1）选择"文件"→"打开"命令，打开素材文件，如图2-8所示。

图2-7 效果图　　　　　　　　　　　　　　　图2-8 打开素材文件

（2）选择"文件"→"页面属性"命令，弹出"页面属性"对话框。在左侧的"分类"列表框中选择"外观（CSS）"选项，将右侧的"页面字体"设为"微软雅黑"，"大小"设为12，"左边距""右边距""上边距""下边距"均设为0，如图2-9所示。

（3）在左侧的"分类"列表框中选择"标题/编码"选项，在"标题"文本框中输入"轩宇门窗网页"，如图2-10所示，单击"确定"按钮，完成页面属性的设置。

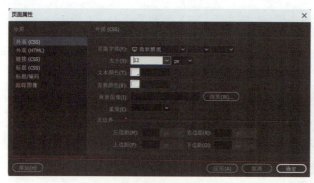 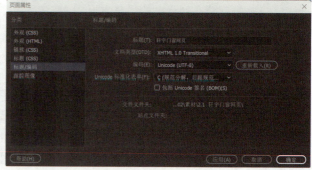

图2-9 页面属性设置　　　　　　　　　　　　图2-10 标题设置

（4）选择"编辑"→"首选项"命令，弹出"首选项"对话框，在左侧的"分类"列表框中选择"常规"选项，在右侧的"编辑选项"选项组中勾选"允许多个连续的空格"复选框，如图2-11所示，单击"应用"按钮完成设置。

（5）将光标置于单元格中。在光标所在位置输入文字"首页"，如图2-12所示。

（6）按4次Space键输入空格。在光标所在的位置输入文字"关于我们"，如图2-13所示。用相同的方法输入其他文字，效果如图2-14所示。

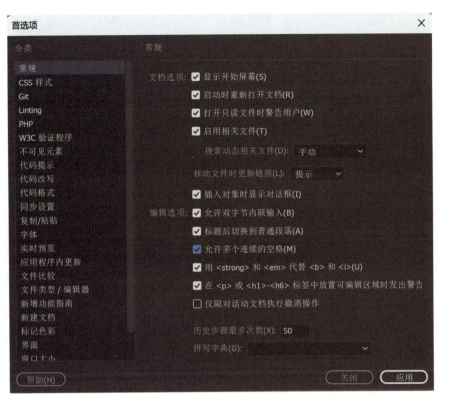

图 2-11 设置允许多个连续的空格

图 2-12 输入文字 1

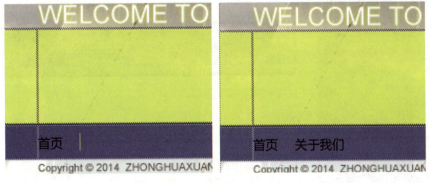

图 2-13 输入文字 2

图 2-14 文字完成效果

（7）选择"窗口"→"CSS设计器"命令，或按Shift + F11组合键，弹出"CSS设计器"面板，如图2-15所示。在"源"选项组中选中"<style>"选项，单击"选择器"选项组中的"添加选择器"按钮，在"选择器"选项组中将出现文本框，如图2-16所示，输入名称".text"，按Enter键确认输入，如图2-17所示。

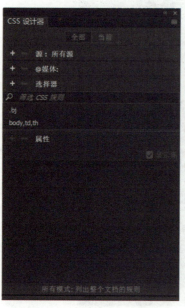
图2-15 "CSS设计器"面板

图2-16 添加选择器

图2-17 输入名称".text"

（8）在"属性"选项组中单击"文本"按钮，切换到文本属性，将"font-family"设为"微软雅黑"，"font-size"设为13px，"font-weight"设为bold，"color"设为#FFFFFF，如图2-18所示。

（9）选择文字，在"属性"面板的"类"下拉列表中选择"text"选项，如图2-19所示，应用样式，效果如图2-20所示。

图2-19 选择"text"选项

图2-18 文本属性设置　　　　　　图2-20 效果图

（10）将光标置于单元格中。选择"编辑"→"首选项"命令，弹出"首选项"对话框，在左侧的"分类"列表框中选择"不可见元素"选项，勾选"换行符"复选框，如图2-21所示，单击"应用"按钮完成设置。

（11）在光标所在的位置输入文字"中华轩宇门窗 里外皆风景"。按 Shift + Enter 组合键，将光标切换至下一行，输入文字"专注于门窗的设计、研发与销售，为人类提供优质、环保、舒适、温馨的生活环境"，如图 2-22 所示。

（12）按步骤 6~8，对文字进行设置，效果如图 2-23 所示。

（13）保存文档，按 F12 键预览效果，如图 2-24 所示。

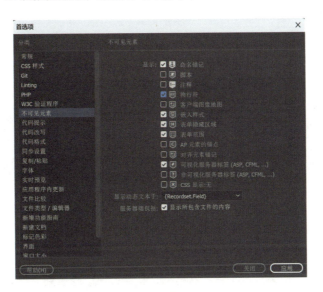

图 2-21 设置换行符

图 2-22 文字输入　　　　　　　　　　　图 2-23 文字设置完成效果

图 2-24 最终效果图

知识点二：水平线与网格

水平线可以将文字、图像、表格等对象在视觉上分割开。一篇内容繁杂的文档，如果合理地放置几条水平线，就会变得层次分明、便于阅读。

虽然 Dreamweaver 提供了所见即所得的编辑器，但是通过视觉来判断网页元素的位置并不准确。要想精确地定位网页元素，就必须依靠 Dreamweaver 提供的定位工具。

1. 水平线

(1) 创建水平线。

创建水平线的方法有以下两种。

① 选择"插入"面板中的"HTML"选项卡，单击"水平线"工具按钮 。

② 选择"插入"→"HTML"→"水平线"命令。

(2) 修改水平线。

在文档窗口中，选中水平线，选择"窗口"→"属性"命令，弹出"属性"面板，如图 2-25 所示，可以根据需要对属性进行修改。

图 2-25 水平线属性面板

在"水平线"选项下方的文本框中可以输入水平线的名称。

在"宽"选项的文本框中可以输入水平线的宽度值，其单位可以是像素，也可以是相对页面水平宽度的百分比。

在"高"选项的文本框中可以输入水平线的高度值，单位只能是像素。

在"对齐"选项的下拉列表中，可以选择水平线在水平位置上的对齐方式，可以是"左对齐""右对齐""居中对齐"，也可以选择"默认"选项，一般为"居中对齐"。

如果选择"阴影"复选框，水平线将被设置为阴影效果。

2. 显示和隐藏网格

使用网格可以更加方便地定位网页元素，在进行网页布局时网格也具有至关重要的作用。

(1) 显示和隐藏网格。

选择"查看"→"设计视图选项"→"网格设置"→"显示网格"命令，或按 Ctrl+Alt+G 组合键，此时处于显示网格的状态，网格在"设计"视图中可见，如图 2-26 所示。

(2) 设置网页元素与网格对齐。

选择"查看"→"设计视图选项"→"网格设置"→"靠齐到网格"命令，或按 Ctrl+Alt+Shift+G 组合键，此时，无论网格是否可见，都可以让网页元素自动与网格对齐。

(3) 修改网格的疏密。

选择"查看"→"设计视图选项"→"网格设置"命令，弹出"网格设置"对话框，如图 2-27 所示。在"间隔"选项的文本框中输入一个数字，并从下拉列表中选择间隔的单位，单击"确定"按钮关闭对话框，完成对网格疏密的修改。

(4) 修改网格线的颜色和线型。

选择"查看"→"设计视图选项"→"网格设置"命令，弹出"网格设置"对话框。在对话框中，先单击"颜色"按钮并从颜色拾取器中选择一种颜色，或者在文本框中输入一个十六进制的数字，然后单击"显示"选项组中的"线"或"点"单选项，如图 2-28 所示，最后单击"确定"按钮，完成网格线颜色和线型的修改。

 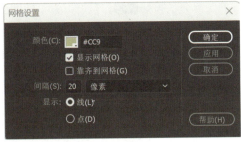 

图 2-26 显示网格　　　　图 2-27 "网格设置"对话框　　　　图 2-28 修改网格线的颜色和线型

技能实训二：度假村网页设计

1. 案例分析

度假村为大家提供了一个亲近大自然的机会，并提供现代化的休闲和运动设施，使人放松身心。在设计本案例网页时，要注意表现出度假的乐趣，要能够吸引消费者注意。

2. 操作步骤

（1）选择"文件"→"打开"命令，在弹出的"打开"对话框中，选择素材文件，单击"打开"按钮打开文件，如图 2-29 所示。将光标置于图 2-30 所示的单元格中，选择"插入"→"HTML"→"水平线"命令插入水平线，效果如图 2-31 所示。

图 2-29 打开素材　　　　　　　　图 2-30 插入光标

图 2-31 插入水平线

（2）选中水平线，在"属性"面板中，将"高"设为1，取消选择"阴影"复选框，如图 2-32 所示。

图 2-32 水平线属性对话框

（3）选中水平线，单击文档窗口左上方的"拆分"按钮 拆分 ，在"拆分"视图窗口中的"noshade"代码后插入光标，按一次空格键，标签列表中会弹出该标签的属性参数，在其中选择属性"color"，如图2-33所示。

（4）插入属性后，在弹出的颜色面板中选择需要的颜色，如图2-34所示，颜色设置代码如图2-35所示。

图 2-33 设置颜色属性

图 2-34 设置颜色

```
<td><hr size="1" noshade="noshade" color="#CC6633"></td>
```

图 2-35 颜色设置代码

（5）单击文档窗口左上方的"设计"按钮 设计 ，切换到"设计"视图。用上述方法制作出如图2-36所示的效果。

图 2-36 完成效果图

（6）注意：设置的水平线颜色不能在 Dreamweaver 2021 界面中显示。最后保存文档，按 F12 键可进行预览，效果如图 2-37 所示。

三、学习任务小结

不管网页内容如何丰富，文本始终是网页最基本的元素。由于文本具有信息量大、输入编辑方便、生成文件小、容易被浏览器下载且不会占用过多等待时间等优点，因此，掌握好文本的使用是制作网页最基本的要求。

图 2-37 最终完成效果

四、课后作业

使用"页面属性"命令，设置页面边距和标题；使用"首选参数"命令，设置允许多个连续的空格，完成有机果蔬网网页的设计，其效果图如图 2-38 所示。

图 2-38 有机果蔬网网页的设计效果图

学习任务二 插入图像和多媒体元素

教学目标

（1）专业能力：使学生掌握在 Dreamweaver 2021 中插入图像和多媒体元素的基本技能，包括插入图像、使用图像占位符以及添加互动图像等。了解不同图像文件格式及其属性设置，以便更好地优化网页显示效果。

（2）社会能力：学生应能够与他人合作，共同完成网页设计和多媒体元素插入的任务。此外，学生应具备一定的审美能力和创新意识，以创作出更具吸引力和实用性的网页作品。

（3）方法能力：学生需要掌握使用 Dreamweaver 2021 进行网页设计和插入多媒体元素的方法，包括熟悉工作界面、掌握创建和管理站点的基本流程等。同时，学生应具备解决问题的能力，能够在遇到问题时迅速找到解决方案并付诸实践。

学习目标

1. 知识目标

（1）了解图像和多媒体元素在网页中的功能与作用。

（2）掌握常见图像格式（如 JPEG、GIF、PNG）的特点及其应用场景。

（3）了解多媒体元素（如音频、视频）的插入方法。

2. 技能目标

（1）掌握在 Dreamweaver 2021 中插入图像的方法，包括设置图像属性、添加文字说明等。

（2）学会使用图像占位符以及跟踪图像。

（3）熟练掌握插入和编辑多媒体元素（如 Flash 动画、音频、视频）的技能。

3. 素质目标

（1）培养对网页设计的兴趣，提升审美能力和创新意识。

（2）树立支持国产软件的观念，增强民族自豪感。

教学建议

1. 教师活动

（1）讲解 DW 软件的基本操作界面，特别是"插入"面板的各项功能。

（2）演示如何在 DW 中插入图像，包括从本地文件插入和插入剪贴画的方法。

（3）详细讲解图像属性的设置方法，例如如何调整图像的大小和位置。

（4）演示如何插入多媒体元素，如 Flash 动画、音频和视频文件。

（5）引导学生深入理解多媒体元素与图像在网页设计中的不同作用及其重要性。

2. 学生活动

（1）跟随教师的演示步骤，在 DW 中练习插入图像和多媒体元素。

（2）尝试自行调整图像属性和多媒体元素的设置，观察并理解效果变化。

（3）积极思考并讨论图像与多媒体元素在网页设计中的实际应用场景及其呈现效果。

一、学习问题导入

图像和多媒体是网页中不可或缺的重要元素，其在网页中的应用日益广泛。本次学习任务将主要讲解图像和多媒体在网页中的应用方法与技巧。通过学习这些内容，学生可以设计出更加美观形象、生动丰富的网页，并且能够增强网页的动感，使网页更具吸引力。

二、学习任务讲解与技能实训

知识点一：图像的基本操作

图像是网页中至关重要的元素之一，它不仅能够美化网页，而且与文本相比，能更直观地说明问题，使所表达的内容一目了然。这样，图像就能为网站增添活力，同时也能加深用户对网站的印象。因此，对于网站设计者来说，掌握图像的使用技巧是至关重要的。

1. 网页中的图像格式

网页中常用的图像格式有 GIF、PNG、JPEG 三种，多数浏览器支持 GIF 和 JPEG 这两种图像格式。为了确保浏览者下载网页的速度，网站设计者通常会选择使用这两种压缩格式的图像。

（1）GIF 文件。

GIF 文件是网络中最为常见的图像格式，具有以下特点。

①最多可显示 256 种颜色，因此最适合用于展示色调不连续或包含大面积单一颜色的图像，如导航条、按钮、图标、徽标等具有统一色彩和色调的图像。

②采用无损压缩方案，确保图像在压缩后不会损失任何细节。

③支持透明背景，能够创建带有透明区域的图像。

④采用交织文件格式，使得浏览者在图像完全下载之前即可预览。

⑤通用性好，几乎所有的浏览器都支持此图像格式，并且有许多免费软件可用于编辑 GIF 图像文件。

（2）JPEG 文件。

JPEG 文件是一种提供"有损耗"压缩的图像格式，具有以下特点。

①色彩丰富，最多可显示 1670 万种颜色。

②采用有损压缩方案，图像在压缩后会损失部分细节。

③ JPEG 格式的图像文件通常比 GIF 格式的小，因此下载速度更快。

④由于边缘细节损失较严重，不适合用于展示色彩对比鲜明或包含文本的图像。

（3）PNG 文件。

PNG 文件是专为网络设计的图像格式，具有以下特点。

①采用新型无损压缩方案，确保图像在压缩后不会损失任何细节。

②色彩丰富，最多可显示 1670 万种颜色。

③通用性相对较差。IE 4.0 或更高版本以及 Netscape 4.04 或更高版本的浏览器仅部分支持 PNG 图像的显示。因此，PNG 格式的图像通常仅用于为特定目标用户设计的网页中。

2. 在网页中插入图像

在 Dreamweaver 2021 网页中插入的图像必须存放在当前站点文件夹内或远程站点文件夹内，否则图像将无法正确显示。因此，在建立站点时，网站设计者通常会先创建一个名为"images"的文件夹，并将所需的图像文件复制到这个文件夹中。

在网页中插入图像的具体操作步骤如下。

（1）在文档窗口中，将插入点放置在要插入图像的位置。

（2）通过以下几种方法启用"图像"命令，弹出"选择图像源文件"对话框，如图2-39所示。

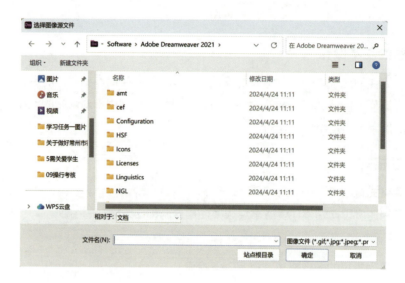

图2-39 "选择图像源文件"对话框

①选择"插入"面板中的"HTML"选项卡，单击"Image"按钮。

②选择"插入"→"Image"命令。

③按Ctrl+Alt+I组合键。

（3）在对话框中，选择图像文件，单击"确定"按钮完成设置。

3. 设置图像属性

插入图像后，在"属性"面板中会显示该图像的属性，如图2-40所示。

图2-40 图像属性面板

各选项的含义如下。

"图像ID"选项：用于为图像指定一个唯一的ID名称。

"Src"选项：用于指定图像的源文件路径。

"链接"选项：用于设置单击图像时要跳转到的网页文件。

"无"选项：用于指定图像应用CSS样式。

"编辑"按钮：用于启动外部图像编辑器来编辑选中的图像。

"编辑图像设置"按钮：单击后，会弹出"图像优化"对话框，在其中可以对图像进行优化设置。

"从源文件更新"按钮：单击此按钮可以将Dreamweaver 2021页面中的图像与原始的Photoshop文件同步更新。

"裁剪"按钮：用于修剪图像的大小，调整其显示区域。

"重新取样"按钮：用于对已调整大小的图像进行重新取样，以提高图像在新尺寸和形状下的品质。

"亮度和对比度"按钮：用于调整图像的亮度和对比度。

"锐化"按钮：用于增强图像的清晰度。

"宽"和"高"选项：分别用于设置图像的宽度和高度。

"替换"选项：指定一段文本，在浏览器设置为不自动下载图像时，用它来替代图像的显示。在某些浏览器中，当鼠标悬停在图像上时也会显示这段替代文本。

"标题"选项：用于为图像指定一个标题。

"地图"和"热点工具"选项：用于在图像上设置热点链接区域。

"目标"选项：用于指定链接页面应该在哪个框架或窗口中打开。

"原始"选项：为了节省浏览者浏览网页的时间，可通过此选项指定在载入主图像之前可快速载入的低品质图像。

4. 给图片添加文字说明

当图片无法在浏览器中正常显示时，网页中原本显示图片的位置会变为空白区域。

为了让浏览者在图片无法正常显示时也能获取图片的相关信息，我们通常会为网页中的图像设置"替换文本"，并在"替换文本"文本框中输入图片的说明文字，如图2-41所示。

5. 跟踪图像

在工程设计过程中，一般先在图像处理软件中勾画出工程蓝图，然后在此基础上反复修改，最终得到一幅完美的设计图。制作网页时也应采用工程设计的方法，先在图像处理软件中绘制网页的蓝图，将其添加到网页的背景中，按设计方案对号入座，等网页制作完毕后，再将蓝图删除。Dreamweaver 2021可利用"跟踪图像"功能来实现上述网页设计的方式。

设置跟踪图像的具体操作步骤如下。

（1）在图像处理软件中绘制网页的设计蓝图，如图2-42所示。

图2-41 图像"替换"属性

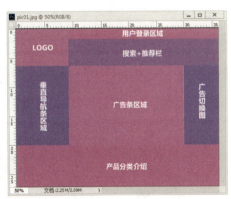

图2-42 设计蓝图

（2）选择"文件"→"新建"命令，新建文档。

（3）选择"文件"→"页面属性"命令，弹出"页面属性"对话框，在"分类"列表中选择"跟踪图像"选项，转换到"跟踪图像"对话框，如图2-43所示。

（4）单击"跟踪图像"选项右侧的"浏览"按钮，在弹出的"选择图像源文件"对话框中找到步骤（1）中设计蓝图的保存路径，如图2-44所示，单击"确定"按钮，返回到"页面属性"对话框。

图 2-43 "跟踪图像"选项

图 2-44 "选择图像源文件"对话框

（5）在"跟踪图像"对话框中调节"透明度"选项的滑块，使图像呈半透明状态，如图 2-45 所示，单击"确定"按钮完成设置。

图 2-45 设置图像呈半透明状

技能实训一：纸杯蛋糕网页

1. 案例分析

甜品店是现代女性非常喜爱的聚会休闲、消磨时光之地；而纸杯蛋糕更是甜品中的招牌产品，其小巧可爱的外形最为吸引人。网页设计要求展现出纸杯蛋糕的甜美风格，效果如图 2-46 所示。

2. 操作步骤

（1）选择"文件"→"打开"命令，在弹出的"打开"对话框中，选择素材文件，单击"打开"按钮打开文件，如图 2-47 所示。将光标置于相应的单元格中。

图 2-46 效果图

图 2-47 打开素材文件

（2）单击"插入"面板"HTML"选项卡中的"Image"按钮，在弹出的"选择图像源文件"对话框中，选择素材文件夹中的"img_1.png"文件，单击"确定"按钮完成图片的插入，如图2-48所示。用相同的方法将"img_2.png"和"img_3.png"文件插入该单元格中，效果如图2-49所示。

图2-48 插入img_1.png

图2-49 插入img_2.png和img_3.png

（3）选择"窗口"→"CSS设计器"命令，弹出"CSS设计器"面板。单击"源"选项组中的"添加CSS源"按钮，在弹出的列表中选择"在页面中定义"命令，在"源"选项组中添加"<style>"选项，如图2-50所示；单击"选择器"选项组中的"添加选择器"按钮，在"选择器"选项组的文本框中输入".pic"，按Enter键确认文字的输入，效果如图2-51所示。

（4）单击"属性"选项组中的"布局"按钮，切换到布局属性。将"margin-left"选项和"margin-right"选项均设为20 px，如图2-52所示。

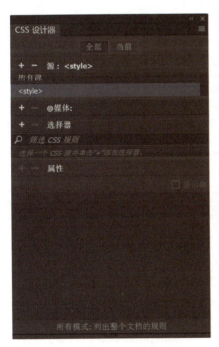

图2-50 添加"<style>"选项

图2-51 添加选择器

图2-52 布局属性

（5）选择中间一张图片，在"属性"面板的"无"下拉列表中选择"pic"选项，应用样式，效果如图2-53所示。

（6）保存文档，按F12键预览效果，如图2-54所示。

图 2-53 应用样式效果图

图 2-54 完成效果图

知识点二： 多媒体在网页中的应用

在网页中除了使用文本和图像元素表达信息外，用户还可以插入多媒体，以丰富网页的内容。

1. 插入 Flash 动画

Dreamweaver 2021 提供了使用 Flash 对象的功能。虽然 Flash 中使用的文件类型有 Flash 源文件（.fla）、Flash SWF 文件（.swf）、Flash 模板文件（.swt），但 Dreamweaver 2021 只支持 Flash SWF（.swf）文件，因为它是 Flash（.fla）文件的压缩版本，已进行了优化，便于在 Web 上查看。

在网页中插入 Flash 动画的具体操作步骤如下。

（1）在文档窗口的"设计"视图中，将插入点放置在想要插入动画的位置。

（2）通过以下几种方法启用"Flash"命令。

①在"插入"面板的"HTML"选项卡中，单击"Flash SWF"按钮。

②选择"插入"→"HTML"→"Flash SWF"命令。

③按 Ctrl+Alt+F 组合键。

（3）弹出"选择 SWF"对话框，选择一个后缀为"swf"的文件，如图 2-55 所示，单击"确定"按钮完成设置。此时，Flash 占位符出现在文档窗口中，如图 2-56 所示。

图 2-55 插入 Flash 动画对话框　　图 2-56 插入 Flash 动画效果

2. 插入 FLV

在网页中可以轻松添加 FLV 视频，而无需使用 Flash 创作工具，但在操作之前必须拥有一个经过编码的 FLV 文件。使用 Dreamweaver 2021 插入一个用于显示 FLV 文件的 SWF 组件，当在浏览器中查看时，此组件会显示所选的 FLV 文件及一组播放控件。

Dreamweaver 2021 提供了以下选项，以便将 FLV 视频传送给站点访问者。

"累进式下载视频"选项：该选项用于将 FLV 文件下载到站点访问者的硬盘上，然后进行播放。但与传统的"下载并播放"视频传送方法不同的是，累进式下载允许在下载完成之前就开始播放视频文件。

"流视频"选项：该选项用于对视频内容进行流式处理，并在经过一段可确保流畅播放的短暂缓冲时间后，在网页上播放该内容。若要在网页上启用流视频，必须拥有访问 Adobe Flash Media Server 的权限，并且必须拥有一个经过编码的 FLV 文件，然后才能在 Dreamweaver 2021 中使用此选项。可以插入使用以下两种编解码器（压缩/解压缩技术）创建的视频文件——Sorenson Squeeze 和 On2 VP6。

与常规的 SWF 文件一样，在插入 FLV 文件时，Dreamweaver 2021 将插入一段代码，用于检测用户是否拥有可以正确查看视频的 Flash Player 版本。如果用户没有正确的版本，则页面将显示替代内容，提示用户下载最新版本的 Flash Player。

插入 FLV 对象的具体操作步骤如下。

（1）在文档窗口的"设计"视图中，将插入点放置在希望插入 FLV 的位置。

（2）可以通过以下几种方法启用"FLV"命令，以弹出"插入 FLV"对话框，如图 2-57 所示。

①在"插入"面板的"HTML"选项卡中，单击"Flash Video"按钮。

②选择菜单栏中的"插入"→"HTML"→"媒体"→"Flash Video"命令。

（3）在对话框中根据需求进行相应的设置。单击"确定"按钮后，FLV 将被插入文档窗口中，此时，一个 FLV 占位符出现在文档窗口中。

图 2-57 "插入 FLV"对话框

设置"累进式下载视频"选项的作用如下。

"URL"选项：用于指定 FLV 文件的相对路径或绝对路径。若要指定相对路径，请单击"浏览"按钮，导航到 FLV 文件并将其选定；若要指定绝对路径，请直接输入 FLV 文件的 URL。

"外观"选项：用于选择视频组件的外观。所选外观的预览效果将显示在"外观"弹出菜单的下方区域。

"宽度"选项：用于以像素为单位指定 FLV 文件的显示宽度。若要让 Dreamweaver 2021 自动检测并确定 FLV 文件的准确宽度，请单击"检测大小"按钮。如果 Dreamweaver 2021 无法自动确定宽度，则需要手动输入宽度值。

"高度"选项：用于以像素为单位指定 FLV 文件的显示高度。若要让 Dreamweaver 2021 自动检测并确定 FLV 文件的准确高度，请单击"检测大小"按钮。如果 Dreamweaver 2021 无法自动确定高度，则需要手动输入高度值。

"限制高宽比"复选框：用于保持视频组件的宽度和高度比例不变。此选项在默认情况下会被选中。

"自动播放"复选框：用于指定页面打开时视频是否自动播放。

"自动重新播放"复选框：用于指定视频播放完毕后播放控件是否返回起始位置重新开始播放。

设置"流视频"选项的作用如下。

"服务器 URL"选项：用于指定服务器的名称、应用程序名称和实例名称，格式通常为 rtmp://example.com/app_name/instance_name。

"流名称"选项：用于指定要播放的 FLV 文件的名称（例如 myvideo.flv）。扩展名 .flv 是可选的。

"实时视频输入"复选框：用于指定视频内容是否为实时内容。如果选中"实时视频输入"，则 Flash Player 将播放从 Flash Media Server 传入的实时视频流。实时视频输入的名称是在"流名称"文本框中指定的。

"缓冲时间"选项：用于指定视频开始播放前进行缓冲所需的时间（单位为 s）。默认缓冲时间设置为 0，即单击"播放"按钮后视频会立即开始播放（若选择"自动播放"，则在建立与服务器的连接后视频立即开始播放）。如果视频的比特率高于访问者的连接速度，或者 Internet 通信可能存在带宽或连接问题，则可能需要设置缓冲时间。例如，若希望在网页播放视频前先将 15 s 的视频内容缓冲到网页，可将缓冲时间设置为 15 s。

3. 插入 Animate 作品

Animate 是 Adobe 出品的制作 HTML5 动画的可视化工具，可以简单理解为 HTML5 版本的 Flash Pro。使用该软件，可以在网页中轻而易举地插入视频，而不需要编写烦琐复杂的代码。

在网页中插入 Animate 作品的具体操作步骤如下。

（1）在文档窗口的"设计"视图中，将插入点放置在想要插入 Animate 作品的位置。

（2）通过以下几种方法启用"Animate"命令。

①在"插入"面板的"HTML"选项卡中，单击"动画合成"按钮。

②选择"插入"→"HTML"→"动画合成"命令。

③按 Ctrl + Alt + Shift + E 组合键。

（3）弹出"选择动画合成"对话框，选择一个影片文件，单击"确定"按钮，在文档窗口中插入 Animate 作品。

（4）保存文档，按 F12 键在浏览器中预览效果。

4. 插入 HTML5 Video

Dreamweaver 2021 可以在网页中插入 HTML5 视频。HTML5 视频元素提供了一种将视频嵌入网页中的标准方式。

在网页中插入 HTML5 Video 的具体操作步骤如下。

（1）在文档窗口的"设计"视图中，将插入点放置在想要插入视频的位置。

（2）通过以下几种方法启用"HTML5 Video"命令。

①在"插入"面板的"HTML"选项卡中，单击"HTML5 Video"按钮。

②选择"插入"→"HTML"→"HTML5 Video"命令。

③按 Ctrl+Shift+Alt+V 组合键。

（3）在页面中插入一个内部带有影片图标的矩形块，如图 2-58 所示。选中该图形，在"属性"面板中，单击"源"选项右侧的浏览按钮，在弹出的"选择视频"对话框中选择视频文件，如图 2-59 所示。单击"确定"按钮，完成视频文件的选择。"属性"面板如图 2-60 所示。

（4）保存文档，按 F12 键预览效果，如图 2-61 所示。

图 2-58 插入 HTML5 Video 图 2-59 "选择视频"对话框

图 2-60 HTML5 Video 属性面板

图 2-61 HTML5 Video 效果预览

5. 插入音频

（1）插入背景音乐。

HTML 中提供了背景音乐＜bgsound＞标签，该标签可以为网页实现背景音乐效果。

在网页中插入背景音乐的具体操作步骤如下。

①新建一个空白文档并保存。单击"文档"工具栏中的"代码"按钮，进入"代码"视图窗口。将光标置于＜body＞与＜/body＞标签之间。

②在光标所在的位置输入"＜b"，弹出代码提示菜单，单击"bgsound"选项，如图 2-62 所示。选择背景音乐代码，如图 2-63 所示。

③按空格键，弹出代码提示菜单，单击"src"选项，如图 2-64 所示，在弹出的菜单中选择需要的音乐文件，如图 2-65 所示。

图 2-62 输入"＜b"，弹出代码提示菜单　　图 2-63 选择背景音乐代码

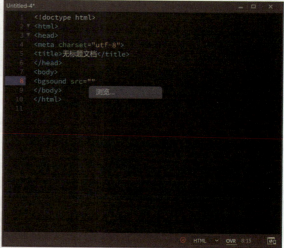

图 2-64 单击"src"选项　　图 2-65 选择需要的音乐文件

④音乐文件选好后，按空格键添加其他属性，如图 2-66 所示。输入"＞"自动生成结束代码，如图 2-67 所示。

⑤保存文档，按 F12 键可在浏览器中试听背景音乐效果。

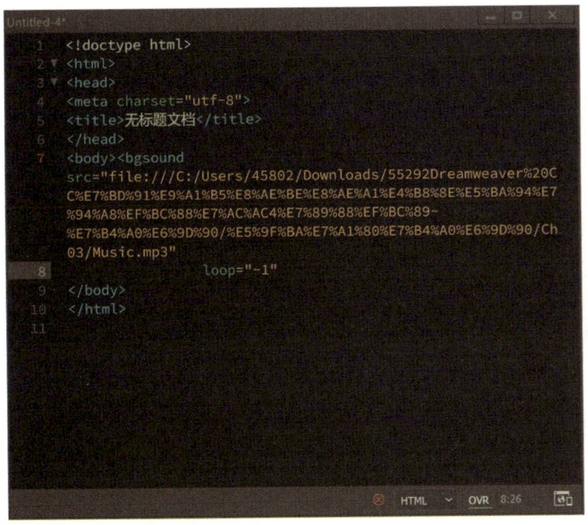

图 2-66 按空格键添加其他属性 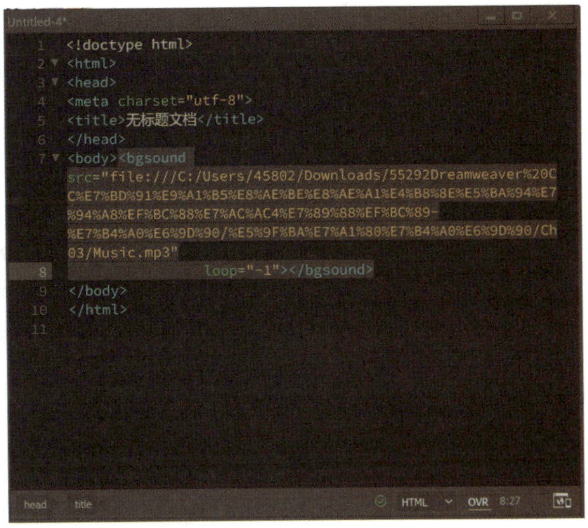　　　　图 2-67 输入">"自动生成结束代码

（2）插入音乐。

插入音乐和背景音乐的效果不同，插入音乐可以在页面中看到播放器的外观，如"播放""暂停""定位""音量"等按钮。

在网页中插入音乐的具体操作步骤如下。

①在文档窗口的"设计"视图中，将插入点放置在想要插入音乐的位置。

②通过以下几种方法插入音乐。

a. 在"插入"面板的"HTML"选项卡中，单击"HTML5 Audio"按钮。

b. 选择"插入"→"HTML"→"HTML5 Audio"命令。

③在页面中插入一个内部带有小喇叭形的矩形块，如图 2-68 所示。选中该图形，在"属性"面板中，单击"源"选项右侧的"浏览"按钮，在弹出的"选择音频"对话框中选择音频文件，如图 2-69 所示。单击"确定"按钮，完成音频文件的选择。"属性"面板如图 2-70 所示。

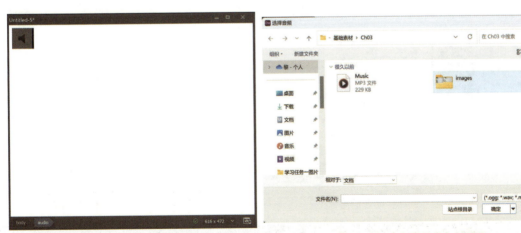

图 2-68 插入 HTML5 Audio　　　　图 2-69 "选择音频"对话框

图 2-70 HTML5 Audio 属性面板

④保存文档，按 F12 键试听效果，如图 2-71 所示。

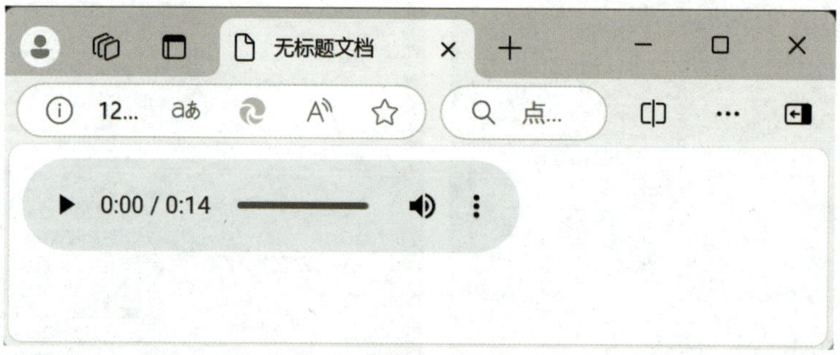

图 2-71 完成效果图

（3）嵌入音乐。

前面我们介绍了插入背景音乐及插入音乐，下面我们来讲解一下嵌入音乐。嵌入音乐和插入音乐基本相同，只不过嵌入音乐的播放器外观比插入音乐的播放器多了几个按钮。

在网页中嵌入音乐的具体操作步骤如下。

①在文档窗口的"设计"视图中，将插入点放置在想要嵌入音乐的位置。

②通过以下几种方法嵌入音乐。

a. 在"插入"面板的"HTML"选项卡中，单击"插件"按钮。

b. 选择"插入"→"HTML"→"插件"命令。

③在弹出的"选择文件"对话框中选择音频文件，如图 2-72 所示，单击"确定"按钮，在文档窗口中会出现一个内部带有似雪花图案的矩形图标，如图 2-73 所示。保存图标的选取状态，在"属性"面板中进行设置，如图 2-74 所示。

④保存文档，按 F12 键试听效果，如图 2-75 所示。

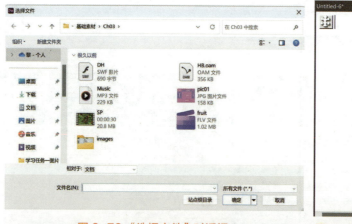

图 2-72 "选择文件"对话框

图 2-73 内部带有似雪花图案的矩形图标

图 2-74 "属性"面板

图 2-75 试听效果

6. 插入插件

利用"插件"按钮，可以在网页中插入 .aiv、.mpg、.mov、.mp4 等格式的视频文件，还可以插入音频文件。在网页中插入插件的具体操作步骤如下。

（1）在文档窗口的"设计"视图中，将插入点放置在想要插入插件的位置。

（2）通过以下几种方法弹出"插件"命令，插入插件。

①在"插入"面板的"HTML"选项卡中，单击"插件"按钮。

②选择"插入"→"HTML"→"插件"命令。

技能实训二：物流运输网页设计

1. 案例分析

物流是指为满足客户需求，通过运输、保管、配送等方式，实现物品从供应地向接收地的实体流动过程。其网页设计和制作应当体现出物流的特色。

2. 操作步骤

（1）选择"文件"→"打开"命令，在弹出的"打开"对话框中，选择素材文件，单击"打开"按钮打开文件，如图 2-76 所示。将光标置于图 2-77 所示的单元格中。

图 2-76 素材文件

图 2-77 插入光标

（2）单击"插入"面板"HTML"选项卡中的"FLASH SWF"按钮，在弹出的"选择 SWF"对话框中选择素材文件，如图 2-78 所示。单击"确定"按钮，弹出"对象标签辅助功能属性"对话框，如图 2-79 所示，这里不需要设置，直接单击"确定"按钮，完成动画的插入。

（3）保持动画的选取状态，在"属性"面板的"Wmode（M）"下拉列表中选择"透明"选项，如图 2-80 所示。保存文档，按 F12 键显示预览效果，如图 2-81 所示。

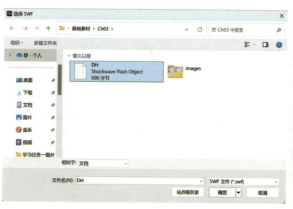
图 2-78 "选择 SWF"对话框

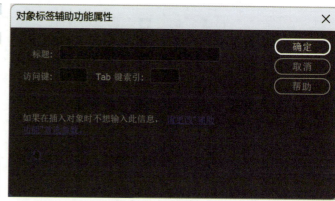
图 2-79 "对象标签辅助功能属性"对话框

图 2-80 "透明"选项

图 2-81 预览效果

三、学习任务小结

图像和多媒体元素在网页设计中扮演着至关重要的角色。合理使用图像、按钮、标签以及多媒体内容，可以使网页外观美观大方，内容丰富多样。在 Dreamweaver 2021 中，用户可以轻松便捷地向网页中添加声音和视频，并且能够导入和编辑多种媒体文件和对象。

四、课后作业

使用"SWF"按钮，在网页文档中插入 Flash 动画；使用"播放"按钮，在文档窗口中预览效果。最终效果如图 2-82 所示。

图 2-82 完成效果图

学习任务三 创建超链接

教学目标

（1）专业能力：使学生掌握超链接的基本概念、作用及其在网页制作中的重要性。熟练掌握超链接的分类、作用对象以及创建方法，并能运用这些方法有效地将一个网站中的不同页面连接起来，实现页面间的导航和跳转。

（2）社会能力：注重培养学生的团结协作精神。通过小组合作和任务分配，学生需要学会与他人合作，共同完成任务。同时，培养学生的爱国主义情怀和不断进取的求知精神，鼓励学生积极探索、勇于创新。

（3）方法能力：使学生掌握使用 Dreamweaver 2021 软件进行网页制作的能力，学会运用该软件创建超链接，并掌握网页设计的基本技巧。此外，培养学生解决具体问题的能力，要求学生能够独立思考、分析问题，并提出有效的解决方案。

学习目标

1. 知识目标

（1）了解超链接的定义，及其在网页制作中的作用和重要性。

（2）熟悉不同类型的超链接，包括文本超链接、图像超链接、锚点超链接等。

（3）理解并掌握链接地址（URL）、目标窗口、标题等属性的含义和设置方法。

2. 技能目标

（1）能够使用 Dreamweaver 2021 软件创建指向其他网页、文件或邮箱等的超链接。

（2）掌握修改已创建超链接属性的方法，如更改链接地址、目标窗口等。

（3）学会创建图像热点超链接、锚点超链接等，以提升网页的交互性和用户体验。

3. 素质目标

（1）在创建超链接时，应确保链接地址的准确无误，避免因小错误导致链接失效，从而培养细心和耐心。

（2）在创建和调试超链接的过程中可能会遇到各种问题，如链接无法打开、样式不符合预期等。通过解决这些问题来提升问题解决能力。

（3）在团队项目中，超链接的创建往往需要多人协作完成。通过参与团队项目，增强团队协作能力和沟通能力。

教学建议

1. 教师活动

（1）教师应熟练掌握 Dreamweaver 2021 软件中超链接的设置与应用，并能清晰讲解并演示创建超链接的基本步骤。

（2）引导学生理解、设置和应用网页中的各种超链接，包括内部超链接、外部超链接、文本超链接、图像超链接等。

（3）教师应激发学生的学习兴趣，增强学生的自信心，并鼓励学生在交流合作中共同进步。

2. 学生活动

（1）学生应积极参与课堂活动，跟随教师的演示进行实践操作，以掌握超链接的设置与应用方法。

（2）学生需通过完成教师布置的任务来培养自己的信息处理能力和协作学习能力。

（3）学生应积极参与讨论和交流，互相帮助，共同进步，以提升自己的网页制作技能。

一、学习问题导入

网络中的每个网页都是通过超链接相互关联在一起的,超链接是网页中最重要、最基础的元素之一。浏览者只需单击网页中的某个元素,就能轻松地实现网页之间的跳转或下载文件、收发邮件等操作。要创建超链接,还需要了解链接路径的相关知识。

二、学习任务讲解与技能实训

知识点一:文本超链接

在浏览网页的过程中,当鼠标指针悬停在某些文字上时,其形状会发生变化,这些文字同时也会相应地出现变化(如出现下划线、文本颜色改变、字体样式变化等),以此提示浏览者这些文字是带有链接的。此时,只需要单击鼠标,就能打开所链接的网页,这就是所谓的文本超链接。

1. 创建文本超链接

创建文本超链接的方法十分简单,主要是在链接文本的"属性"面板中设置链接目标文件。设置链接目标文件的方法有以下三种。

(1)直接输入要链接文件的路径和文件名。

在文档窗口中选中作为链接对象的文本,选择"窗口"→"属性"命令,弹出"属性"面板。在"链接"选项的文本框中直接输入要链接文件的路径和文件名,如图 2-83 所示。

图 2-83 "属性"面板

(2)使用"浏览文件"按钮。

在文档窗口中选中作为链接对象的文本,在"属性"面板中单击"链接"选项右侧的"浏览文件"按钮,弹出"选择文件"对话框。选择要链接的文件,在"相对于"选项的下拉列表中选择"文档"选项,如图 2-84 所示,单击"确定"按钮。

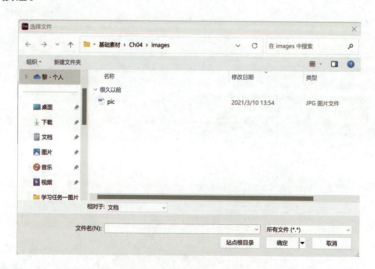

图 2-84 "选择文件"对话框

（3）使用"指向文件"图标。

使用"指向文件"图标，可以便捷地指定站点窗口内的链接文件，或者指定另一个打开文件中命名锚点的链接。

在文档窗口中选中作为链接对象的文本后，在"属性"面板中，拖拽"指向文件"图标至右侧站点窗口内的文件，即可建立链接。完成链接文件的指定后，"属性"面板中的"目标"选项将变为可用，其下拉列表中的各选项作用如下。

"_blank"选项：用于将链接文件加载到未命名的新浏览器窗口中。

"new"选项：用于将链接文件加载到名为"链接文件名称"的浏览器窗口中。

"_parent"选项：用于将链接文件加载到包含该链接的父框架集或窗口中。如果包含链接的框架不是嵌套的，则链接文件加载到整个浏览器窗口中。

"_self"选项：用于将链接文件加载到链接所在的同一框架或窗口中。此目标是默认的，因此通常不需要指定它。

"_top"选项：用于将链接文件加载到整个浏览器窗口中，并由此删除所有框架。

2. 文本链接的状态

一个未被访问过的链接文字与一个被访问过的链接文字在形式上是有所区别的，以提示浏览者链接文字所指示的网页是否被看过。设置文本链接状态的具体操作步骤如下。

（1）选择"文件"→"页面属性"命令，弹出"页面属性"对话框，如图2-85所示。

（2）在对话框中设置文本的链接状态。在左侧的"分类"列表中选择"链接（CSS）"选项，单击"链接颜色"选项右侧的图标，在弹出的拾色器对话框中，选择一种颜色，来设置链接文字的颜色。

单击"变换图像链接"选项右侧的图标，在弹出的拾色器对话框中，选择一种颜色，来设置鼠标经过链接文字时的文字颜色。

单击"已访问链接"选项右侧的图标，在弹出的拾色器对话框中，选择一种颜色，来设置被访问过的链接文字的颜色。

单击"活动链接"选项右侧的图标，在弹出的拾色器对话框中，选择一种颜色，来设置活动的链接文字的颜色。

在"下划线样式"选项的下拉列表中设置链接文字是否加下划线，如图2-86所示。

图2-85 "页面属性"对话框

图2-86 "下划线样式"选项

3. 电子邮件超链接

每当浏览者单击包含电子邮件超链接的网页对象时，就会打开邮件处理工具（如微软的Outlook Express），并且自动将收信人地址设为网站建设者的邮箱地址，方便浏览者给网站发送反馈信息。

（1）利用"属性"面板建立电子邮件超链接。

①在文档窗口中选择对象，一般是文字，如"联系我们"。

②在"链接"选项的文本框中输入"mailto:"和地址。例如，网站管理者的 e-mail 地址是 xjg_peng@163.com，则在"链接"选项的文本框中输入"mailto：xjg_peng@163.com"，如图 2-87 所示。

图 2-87 输入"mailto：xjg_peng@163.com"

（2）利用"电子邮件链接"对话框建立电子邮件超链接。

①在文档窗口中选择需要添加电子邮件超链接的网页对象。

②通过以下几种方法打开"电子邮件链接"对话框。

a. 选择"插入"→"HTML"→"电子邮件链接"命令。

b. 单击"插入"面板"HTML"选项卡中的"电子邮件链接"按钮。

在"文本"选项的文本框中输入要在网页中显示的链接文字，并在"电子邮件"选项的文本框中输入完整的邮箱地址，如图 2-88 所示。

③单击"确定"按钮，完成电子邮件超链接的创建。

图 2-88 打开"电子邮件链接"对话框

知识点二：图像超链接

给图像添加链接，使其指向其他网页或者文档，这就是图像超链接。

1. 建立图像超链接

建立图像超链接的操作步骤如下。

（1）在文档窗口中选择图像。

（2）在"属性"面板中，单击"链接"选项右侧的"浏览文件"按钮，为图像添加文档相对路径的链接。

（3）在"替换"选项中可输入替换文字。设置替换文字后，当图片不能下载时，会在图片的位置上显示替换文字；当浏览者将鼠标指针指向图像时也会显示替换文字。

（4）按 F12 键预览网页的效果。

2."鼠标经过图像"超链接

"鼠标经过图像"是一种常用的互动技术，当鼠标指针经过图像时，图像会随之发生变化。一般来说，"鼠标经过图像"效果由两张大小相等的图像组成，一张称为主图像，另一张称为次图像。主图像是首次载入网页时显示的图像，次图像是当鼠标指针经过时更换的另一张图像。"鼠标经过图像"经常应用于网页中的按钮上。

建立"鼠标经过图像"超链接的具体操作步骤如下。

（1）在文档窗口中将光标放置在需要添加图像的位置。

（2）通过以下几种方法打开"插入鼠标经过图像"对话框，如图 2-89 所示。

①选择"插入"→"HTML"→"鼠标经过图像"命令。

②在"插入"面板"HTML"选项卡中，单击"鼠标经过图像"按钮。

（3）在对话框中按照需要设置选项，然后单击"确定"按钮完成设置。按 F12 键预览网页。

图 2-89 "插入鼠标经过图像"对话框

技能实训：创意设计网页

1. 案例分析

使用"电子邮件链接"按钮，制作电子邮件链接效果；使用"属性"面板，为文字制作下载链接效果；使用"页面属性"命令，改变链接的显示效果，如图 2-90 所示。

图 2-90 效果图

2. 操作步骤

（1）选择"文件"→"打开"命令，在弹出的"打开"对话框中，选择素材创意设计网页文件，单击"打开"按钮打开文件。选中文字"xjg_peng@163.com"，如图 2-91 所示。

图 2-91 选中文字"xjg_peng@163.com"

（2）单击"插入"面板"HTML"选项卡中的"电子邮件链接"按钮，在弹出的"电子邮件链接"对话框中进行设置，如图 2-92 所示。单击"确定"按钮，文字的下方出现下划线，如图 2-93 所示。

图 2-92 "电子邮件链接"对话框

图 2-93 文字的下方出现下划线

（3）选择"文件"→"页面属性"命令，弹出"页面属性"对话框，在左侧的"分类"列表框中选择"链接（CSS）"选项，将"链接颜色"选项设为红色（#FF0000），"交换图像链接"选项设为白色（#FFFFFF），"已访问链接"选项设为红色（#FF0000），"活动链接"选项设为白色（#FFFFFF），在"下划线样式"

选项的下拉列表中选择"始终有下划线",如图 2-94 所示。单击"确定"按钮,文字效果如图 2-95 所示。

(4)选中文字"下载主题",如图 2-96 所示。在"属性"面板中,单击"链接"选项右侧的"浏览文件"按钮,弹出"选择文件"对话框,选择素材文件夹中的"tpl.zip"文件,如图 2-97 所示。单击"确定"按钮,将"tpl.zip"文件链接到文本框中,在"目标"选项的下拉列表中选择"_blank"选项,如图 2-98 所示。

图 2-94 "页面属性"对话框

图 2-95 文字效果

图 2-96 选中文字"下载主题"

图 2-97 "选择文件"对话框

图 2-98 属性面板设置

（5）保存文档，按 F12 键预览效果。单击插入的 E-mail 链接"xjg＿peng@163．com"，效果如图 2-99 所示。单击"下载主题"，将弹出提示条，在提示条中可以根据提示进行操作，如图 2-100 所示。

图 2-99 单击插入的 E-mail 链接

图 2-100 完成效果图

三、学习任务小结

本次学习任务主要讲解了超链接的概念和使用方法，包括文本超链接、图像超链接、电子邮件超链接和"鼠标经过图像"超链接等内容。通过学习这些内容，学生可以熟练掌握网站链接的设置与使用方法，并精心构建网站的链接体系，为网站访问者尽情地在网站中遨游提供必要的条件。

四、课后作业

使用"鼠标经过图像"按钮，为网页添加导航效果；使用"链接"选项，制作超链接效果。最终效果如图 2-101 所示。

图 2-101 最终效果图

项目三
使用表格和框架布局网页

学习任务一　使用表格
学习任务二　使用框架布局网页

学习任务一 使用表格

教学目标

（1）专业能力：使学生掌握创建表格的 HTML 标签的方法。

（2）社会能力：通过课程学习，学生能够就 Web 前端相关的一般工程问题与团队成员进行有效沟通和交流，从而培养学生的创新能力、沟通能力、团队协作能力、应变能力以及领导能力。

（3）方法能力：秉持教学做合一的教育理念，让学生边"用"边学，通过实际项目或模块的学习，提升问题解决能力和自主学习能力。

学习目标

（1）知识目标：了解表格在网页设计中的作用。

（2）技能目标：掌握表格的创建方法。

（3）素质目标：培养网页设计兴趣，提高自主学习和解决问题的能力。

教学建议

1. 教师活动

（1）介绍与演示：教师首先介绍 Dreamweaver 2021 的表格制作方法，并通过演示操作，让学生直观地了解表格的使用技巧。

（2）项目驱动教学：设计实际的工作项目任务，如创建学生信息表，引导学生通过完成任务来学习和掌握软件操作方法。

（3）激励与指导：鼓励学生参加网页设计大赛，以激发他们的积极性和创造力，同时提供必要的指导和支持。

2. 学生活动

（1）动手实践：学生应积极参与课堂实践，动手操作 Dreamweaver 2021，完成教师布置的项目任务，以巩固所学知识。

（2）团队协作：在教师的指导下，学生通过小组合作来共同完成项目任务，培养团队协作和沟通能力。

（3）创新设计：学生发挥创意，设计具有个性的网页作品，并积极参加网页设计大赛，以提升实践能力和创新思维。

一、学习问题导入

表格是 HTML 网页中一个非常重要的元素，利用表格可以将网页的内容有条理地呈现出来。随着网页技术的不断发展，现在网页排版普遍采用的是 DIV+CSS 布局，但对于通讯录、学生信息表、校历表等内容，采用表格呈现依然是一种不错的选择。接下来，我们将通过具体的例子去学习如何使用表格。

二、学习任务讲解与技能实训

1. 表格标签

在网页上创建一个简单的表格，如图 3-1 所示。重要的代码如图 3-2 所示。图 3-2 中用到的创建表格的基本标签如表 3-1 所示。

2. <table> 标签的属性

<table> 标签主要用于表格外观的设置，它有一系列属性，其常用设置如表 3-2 所示。

图 3-1 基本图表

```
 7 ▼ <body>
 8      <h2>学生成绩表</h2>
 9 ▼   <table border="1">
10 ▼     <tr>
11         <th>学号</th>
12         <th>姓名</th>
13         <th>性别</th>
14         <th>成绩</th>
15       </tr>
16 ▼     <tr>
17         <td>01</td>
18         <td>张三</td>
19         <td>女</td>
20         <td>90</td>
21       </tr>
22 ▼     <tr>
23         <td>02</td>
24         <td>李四</td>
25         <td>男</td>
26         <td>95</td>
27       </tr>
28 ▼     <tr>
29         <td>03</td>
30         <td>陈五</td>
31         <td>男</td>
32         <td>97</td>
33       </tr>
34     </table>
35
36
37   </body>
```

图 3-2 基本代码图

表 3-1 基本标签及其作用

基本标签	作用
<table></table>	用于定义一个表格
<tr></tr>	用于定义表格的一行，该标签必须包含在 <table></table> 中，表格有几行，在 <table></table> 中就要有几对 <tr></tr> 标签
<th></th>	用于定义表头的单元格，该标签必须包含在 <tr></tr> 中，表头行有几个单元格，在 <tr></tr> 中就要有几对 <th></th> 标签。该单元格中的文字自动设为粗体，在单元格中居中对齐显示
<td></td>	用于定义表格的普通单元格，该标签必须包含在 <tr></tr> 中，一行有几个单元格，在 <tr></tr> 中就要有几对 <td></td> 标签。该单元格中的文字自动设为左对齐显示

项目三 使用表格和框架布局网页

表 3-2 <table> 标签的常用设置

属性名	作用	属性值
border	设置表格的边框	像素
width	设置表格的宽度	像素
height	设置表格的高度	像素
align	设置表格的对齐方式	left ｜ center ｜ right
bgcolor	设置表格的背景颜色	预定义的颜色值 ｜ #RGB ｜ rgb()
background	设置表格的背景图像	URL 地址
cellspacing	设置单元格与单元格之间的空白间距	默认值为 2 像素
cellpadding	设置单元格与边框之间的空白间距	默认值为 1 像素

添加如图 3-3 所示的代码，设置表格的边框为 5 像素，对齐方式为居中，表格宽度为 400 像素、高度为 150 像素等。这样就可以得到如图 3-4 所示的表格效果图。

图 3-3 表格设置代码

图 3-4 表格效果图

3. <tr> 标签的属性

通过设置 <tr> 标签，可以实现控制表格一行的样式，其常用设置如表 3-3 所示。

例如表格第一行的单元格高度为 50 像素，行的背景颜色为灰色，内容为中间对齐，其他行的内容为中间对齐，详细的代码如图 3-5 所示。修改代码，保存后，得到如图 3-6 所示的表格。

4. <th> 和 <td> 标签的属性

在表格制作过程中，如果要对其中的一个单元格进行设置，就需要设置 <th> 或者 <td> 标签的相关属性，其常用设置如表 3-4 所示。

表 3-3　< tr > 标签的常用设置

属性名	作用	属性值
height	设置行的高度	像素
align	设置一行内容的水平对齐方式	left ｜ center ｜ right
valign	设置一行内容的垂直对齐方式	top ｜ middle ｜ bottom
bgcolor	设置行的背景颜色	预定义的颜色值 ｜ #RGB ｜ rgb()
background	设置行的背景图像	URL 地址

```
<body>
    <h2 align="center">学生成绩表</h2>
<table border="1" align="center" width="400" cellpadding="0" cellspacing="0">
  <tr height="50" bgcolor="#CCCCCC">
```

图 3-5　表格行设置代码

学生成绩表

学号	姓名	性别	成绩
01	张三	女	90
02	李四	男	95
03	陈五	男	97

图 3-6　表格行效果图

表 3-4　<th> 或者 <td> 标签的常用设置

属性名	作用	属性值
width	设置单元格的宽度	像素
height	设置单元格的高度	像素
align	设置单元格内容的水平对齐方式	left ｜ center ｜ right
valign	设置单元格内容的垂直对齐方式	top ｜ middle ｜ bottom
bgcolor	设置单元格的背景颜色	预定义的颜色值 ｜ #RGB ｜ rgb()
background	设置单元格的背景图像	URL 地址
colspan	设置单元格合并的列数	正整数
rowspan	设置单元格合并的行数	正整数

如果想要在第一行上面添加基本信息和成绩信息的单元格，可以添加下面的代码：

```
<tr height="50" bgcolor="#CCCCCC">
   <th colspan="3"> 基本信息 </th>
   <th colspan="1"> 成绩信息 </th>
```

```
</tr>
```

设置最高成绩的单元格颜色为黄色，可以修改代码如下：

```
<tr align="center">
   <td>03</td>
   <td> 陈五 </td>
   <td> 男 </td>
   <td bgcolor="#FBF903">97</td>
</tr>
```

得到的效果如图 3-7 所示。

学生成绩表

基本信息			成绩信息
学号	姓名	性别	成绩
01	张三	女	90
02	李四	男	95
03	陈五	男	97

图 3-7 单元格效果图

三、学习任务小结

通过本次任务的学习，同学们对使用表格有了初步的认识，了解了 <table>、<tr>、<th> 和 <td> 标签的属性。课后，同学们要多加练习，灵活掌握这几种标签的使用方法，以全面提高自己的网页制作能力。

四、课后作业

利用所学知识，使用表格制作学生信息表。设计的样式可以根据需求调整相应的表格标签属性来实现。

使用框架布局网页

教学目标

（1）专业能力：使学生掌握 DIV+CSS 布局技巧。

（2）社会能力：通过课程学习，学生能够就网页框架布局相关的一般工程问题与团队成员进行有效沟通和交流，从而培养学生的创新能力、沟通协调能力、团队合作精神、应变能力以及领导力等。

（3）方法能力：秉持教学做合一的教育理念，让学生边"用"边学，通过实际项目或模块的学习，提升问题解决能力和自主学习能力。

学习目标

（1）知识目标：了解 DIV+CSS 布局的基本概念和方法。

（2）技能目标：熟练掌握单列布局、二列布局、三列布局以及通栏布局的设计与实现。

（3）素质目标：激发网页设计兴趣，提升自主学习和解决实际问题的能力。

教学建议

1. 教师活动

（1）介绍与演示：教师首先介绍 Dreamweaver 2021 中的 DIV+CSS 布局功能，并通过演示操作，让学生直观地了解四种布局方式。

（2）项目驱动教学：设计实际的工作任务项目，如创建学生信息表，引导学生通过完成任务来学习和掌握软件操作方法。

（3）激励与指导：鼓励学生自主设计网页，以激发学生的积极性和创造性，同时提供必要的指导和支持。

2. 学生活动

（1）动手实践：学生应积极参与课堂实践，动手操作 Dreamweaver 2021，完成教师布置的项目任务，以巩固所学知识。

（2）团队协作：在教师的指导下，学生可以组成小组，共同完成项目任务，以培养团队协作和沟通能力。

（3）创新设计：学生发挥创意，设计具有个性的网页作品，并积极参加网页设计大赛，以提升实践能力和创新思维。

一、学习问题导入

同学们,大家好!本次课程将讲解使用框架布局网页的知识,这是网页制作中的一个核心环节。网页是由多个区块构成的,如何将这些区块按照网页主题合理地安排在网页上,就涉及网页布局的问题。DIV+CSS 布局方法将网页在整体上进行划分,然后对各个区块进行 CSS 定位,最后在各个区块中添加相应的内容。常用的 DIV+CSS 布局方式包括单列布局、两列布局、三列布局以及通栏布局等。

二、学习任务讲解与技能实训

1. 单列布局

单列布局将页面上的区块从上到下依次排列。DIV 单列布局的主要用途是提供一个简单的页面结构,非常适合那些内容较为单一或功能相对简单的网页。这种布局方式包含一个主要的列,通过这一列来展示网站的主要内容,如文章、产品列表等。简洁性和易用性是单列布局的最大优点,利用这一优点可以快速搭建出一个基本的页面框架,通常适用于个人页面或展示简单信息的页面场景。

单列布局的实现方式主要有两种:固定宽度和流动宽度。固定宽度的单列布局是指页面的宽度在固定的像素值或百分比范围内,不会随浏览器窗口的大小变化而变化。这种方式的优点是页面布局稳定,适合需要保持一致的展示效果的网站。流动宽度的单列布局则是指页面的宽度会根据浏览器窗口的大小自动调整,以适应不同设备的显示需求,从而提高了页面的响应性。单列布局的效果如图 3-8 所示。

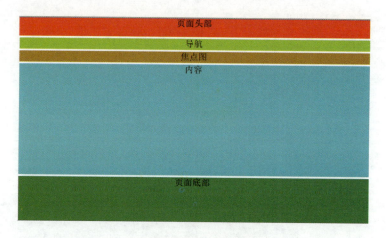

图 3-8 单列布局效果

从图 3-8 可以看出,这个页面设计是从上向下分别为页面头部、导航、焦点图、内容和页面底部,每一个块单独占据一行,每一行的宽度相等,每一行可以单独设置一个背景颜色。

搭建 HTML 结构如下:

```
<body>
<div id="header"> 页面头部 </div>
<div id="nav"> 导航 </div>
<div id="banner"> 焦点图 </div>
<div id="content"> 内容 </div>
<div id="footer"> 页面底部 </div>
</body>
```

创建外部样式表,代码如下:

```css
body{margin:0;padding:0;font-size:24px;text-align:center;}
#header{                    /* 页面头部 */
    width:980px;
    height:50px;
    background-color:#F50206;
    margin:0 auto;          /* 居中显示 */
}
#nav{                       /* 导航 */
    width:980px;
    height:30px;
    background-color:#C4F802;
    margin:5px auto;
}
#banner{                    /* 焦点图 */
    width:980px;
    height:30px;
    background-color:#D8AF02;
    margin:0 auto;
}
#content{                   /* 内容 */
    width:980px;
    height:300px;
    background-color:#05E0FB;
    margin:5px auto;
}
#footer{                    /* 页面底部 */
    width:980px;
    height:120px;
    background-color:#20A700;
    margin:0 auto;
}
```

2. 两列布局

两列布局主要用于实现内容的分区展示，例如左侧为导航栏，右侧显示主要内容。在这种布局中，左列通常设置固定宽度，而右列设置自适应宽度。两列布局方式在各类网页设计中得到了广泛应用。实现两列布局的方法有多种，以下是几种常见的实现方式。

（1）浮动布局：给左列设置 float:left 属性，右列则通过 margin-left 属性留出左侧的空间。或者，右列也使用 float:left 属性，并通过 calc() 函数计算其宽度。

（2）inline-block 布局：通过设置 display:inline-block 属性来布局左右两列，但需要注意处理父元素字体大小为 0 的问题，以避免布局错乱。

（3）Flex 布局：使用 Flexbox 模型可以更灵活地控制列的排列和对齐方式，是实现两列布局的一种高效方法。

两列布局的效果如图 3-9 所示。

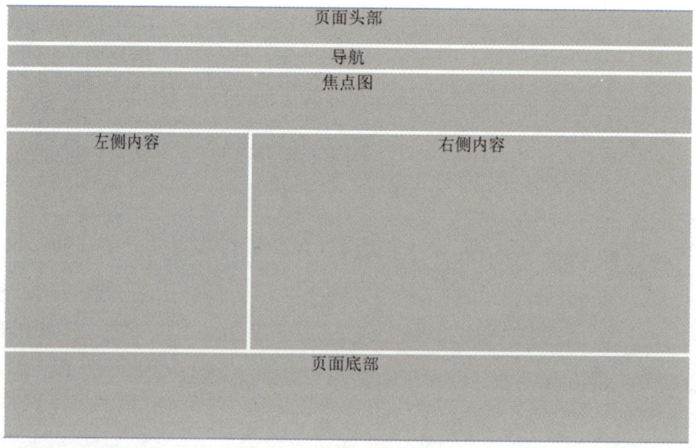

图 3-9 两列布局效果

从图 3-9 可以看出，内容部分被分成了两部分，布局时左右两个块放在中间的大块中，搭建 HTML 结构如下：

```
<body>
<div id="header"> 页面头部 </div>
<div id="nav"> 导航 </div>
<div id="banner"> 焦点图 </div>
<div id="content">
  <div id="left"> 左侧内容 </div>
  <div id="right"> 右侧内容 </div>
</div>
<div id="footer"> 页面底部 </div>
</body>
```

创建外部样式表，代码如下：

```
body{margin:0;padding:0;font-size:24px;text-align:center;}
#header{                    /* 页面头部 */
    width:980px;
    height:50px;
    background-color:#ccc;
    margin:0 auto;
}
#nav{                       /* 导航 */
    width:980px;
    height:30px;
    background-color:#ccc;
    margin:5px auto;
}
#banner{                    /* 焦点图 */
    width:980px;
    height:80px;
    background-color:#ccc;
    margin:0 auto;
```

```css
}
#content{                    /* 内容 */
    width:980px;
    height:300px;
    margin:5px auto;
    overflow:hidden;         /* 清除子元素浮动对父元素的影响 */
}
#left{                       /* 左侧内容 */
    width:350px;
    height:300px;
    background-color:#ccc;
    float:left;              /* 左浮动 */
}
#right{                      /* 右侧内容 */
    width:625px;
    height:300px;
    background-color:#ccc;
    float:right;             /* 右浮动 */
}
#footer{                     /* 页面底部 */
    width:980px;
    height:120px;
    background-color:#ccc;
    margin:0 auto;
}
```

两列布局的优点包括以下几点。

（1）灵活性高：可以根据设计需求轻松调整列的宽度和高度。

（2）适应性强：能够很好地适应不同屏幕尺寸和分辨率，为用户提供良好的浏览体验。

（3）易于维护：结构清晰明了，便于后续的修改和页面内容的扩展。

两列布局是网页设计中既基础又重要的一部分，通过合理的布局方式，可以实现多样化的页面设计，以满足不同的主题和审美需求。

3. 三列布局

三列布局提供了一个视觉上平衡且灵活的页面结构，使得网页内容能够得到更好的组织和展示。这种布局方式通常包含两列固定宽度的侧边栏，而中间一列的宽度则根据屏幕宽度自适应调整，以适应不同设备的显示需求。三列布局在众多网站的首页和其他关键页面中得到了广泛应用，因为它能够为主要内容区域提供充足的空间，同时使两侧的导航或辅助信息保持固定位置，从而方便用户在浏览时获取所需信息。

三列布局的具体实现方法有多种。其中常见的一种方法是使用 CSS 的 float 属性，通过左浮动和右浮动来定位两侧的列，而中间的列则依据文档流自动调整宽度。另一种方法是使用 position 属性，将两侧的列固定在特定位置，而中间的列则根据剩余空间自适应地调整宽度。这两种方法各有其优缺点，开发者可以根据具体的设计需求选择最合适的实现方式。

三列布局的优点包括以下几点。

（1）适应性强：能够根据不同设备的屏幕宽度自动调整各列的宽度，从而为用户提供良好的浏览体验。

（2）结构清晰：通过固定的两侧列和自适应的中间列，页面内容得到了明确的分区，便于用户快速定位所需信息。

（3）设计灵活：三列布局适用于多种设计风格，无论是现代简约风格还是传统复杂布局，都能得到良好的呈现。

三列布局的效果如图 3-10 所示。

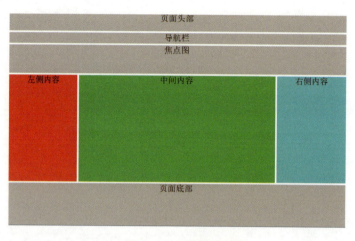

图 3-10　三列布局效果

搭建 HTML 结构如下：

```
<body>
<div id="header"> 页面头部 </div>
<div id="nav"> 导航栏 </div>
<div id="banner"> 焦点图 </div>
<div id="content">
  <div id="left"> 左侧内容 </div>
  <div id="middle"> 中间内容 </div>
  <div id="right"> 右侧内容 </div>
</div>
<div id="footer"> 页面底部 </div>
</body>
```

创建外部样式代码如下：

```
body{margin:0;padding:0;font-size:24px;text-align:center;}
#header{              /* 页面头部 */
    width:980px;
    height:50px;
    background-color:#ccc;
    margin:0 auto;
}
#nav{                 /* 导航 */
    width:980px;
    height:30px;
    background-color:#ccc;
    margin:5px auto;
}
#banner{              /* 焦点图 */
```

```css
    width:980px;
    height:80px;
    background-color:#ccc;
    margin:0 auto;
}
#content{                    /* 内容 */
    width:980px;
    height:300px;
    margin:5px auto;
    overflow:hidden;         /* 清除子元素浮动对父元素的影响 */
}
#left{                       /* 左侧内容 */
    width:200px;
    height:300px;
    background-color:#F30926;
    float:left;              /* 左浮动 */
}
#middle{                     /* 中间内容 */
    width:570px;
    height:300px;
    background-color:#45EF09;
    float:left;              /* 左浮动 */
    margin:0 5px;
}
#right{                      /* 右侧内容 */
    width:200px;
    height:300px;
    background-color:#52D6EC;
    float:right;             /* 右浮动 */
}
#footer{                     /* 页面底部 */
    width:980px;
    height:120px;
    background-color:#ccc;
    margin:0 auto;
}
```

4. 通栏布局

通栏布局的主要作用有以下几点。

（1）直观性：通栏布局通过明确划分主栏和辅栏来组织页面内容，使得页面信息条理清晰，用户可以迅速定位所需信息。

（2）易于阅读：在主栏部分，通栏布局通常采用大号或加粗字体来突出关键信息，提高文字的醒目度，便于用户阅读。辅栏中的内容则以简洁明了为主，避免过多的文字和图片干扰用户的视线，提升阅读体验。

（3）扩展性：通栏布局的结构相对简洁，因此具备良好的扩展性。当需要增加新内容时，只需在主栏或辅栏中添加新模块，而不会对整体页面布局造成显著影响。

通栏布局的优点涵盖以下几个方面。

（1）视觉效果强烈：通栏图片排版能够使图片横跨整个页面宽度，从而凸显重要的视觉元素或呈现大幅图片展示效果，有效吸引读者的注意力。

（2）节省空间：分图排版可巧妙地将多张图片按照一定的布局排列在同一页面上，非常适合展示相关联的多张图片或对比不同内容，同时能够充分利用页面空间，提升信息呈现效率。

（3）大气开阔：通栏布局不受传统方框的束缚，给人一种更加大气、开阔的视觉感受，是网页设计中一种常见且受欢迎的布局方式。

通栏布局非常适合用于需要展示丰富信息并强调视觉效果的场景，例如企业网站首页、产品展示页面等。通过将核心内容置于主栏，而将辅助信息放在辅栏，这样的布局使得页面结构清晰明了，信息层次井然有序。表 3-5 详细列出了通栏布局的作用，图 3-11 则直观地展示了通栏布局的实际效果。

表 3-5 通栏布局作用表

特点	优点	适用场景
直观性	视觉效果强烈	企业网站首页
易于阅读	节省空间	产品展示页面
扩展性	大气开阔	

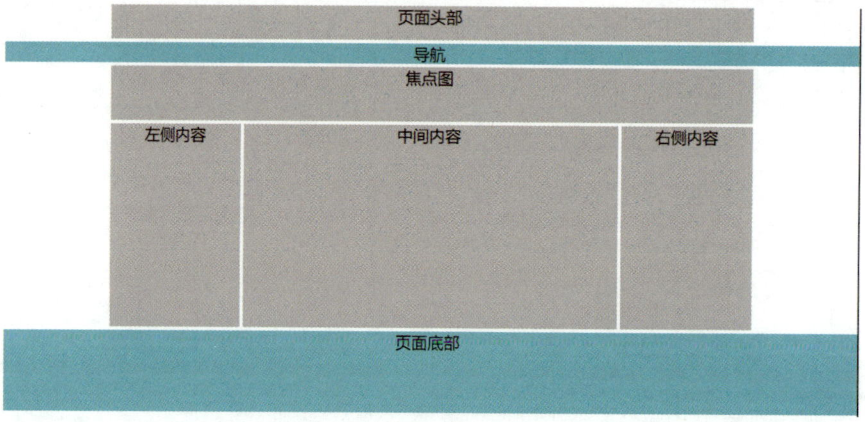

图 3-11 通栏布局效果

搭建 HTML 结构如下：

```
<body>
<div id="header"> 页面头部 </div>
<div id="navWrap">
 <div id="nav"> 导航 </div>
</div>
<div id="banner"> 焦点图 </div>
<div id="content">
  <div id="left"> 左侧内容 </div>
   <div id="middle"> 中间内容 </div>
    <div id="right"> 右侧内容 </div>
</div>
```

```html
<div id="footerWrap">
 <div id="footer"> 页面底部 </div>
</div>
</body>
```

创建外部样式代码如下：

```css
body{margin:0;padding:0;font-size:24px;text-align:center;}
#header{                    /* 页面头部 */
    width:980px;
    height:50px;
    background-color:#ccc;
    margin:0 auto;
}
#navWrap{                   /* 导航外面的环绕块 */
    width:100%;
    height:30px;
    background-color:#0FF;
    margin:5px auto;
}
#nav{                       /* 导航 */
    width:980px;
    height:30px;
    background-color:#0FF;
    margin:0px auto;
}
#banner{                    /* 焦点图 */
    width:980px;
    height:80px;
    background-color:#ccc;
    margin:0 auto;
}
#content{                   /* 内容 */
    width:980px;
    height:300px;
    margin:5px auto;
    overflow:hidden;        /* 清除浮动的影响 */
}
#left{                      /* 左侧内容 */
    width:200px;
    height:300px;
    background-color:#ccc;
    float:left;             /* 左浮动 */
}
#middle{                    /* 中间内容 */
    width:570px;
    height:300px;
```

```css
    background-color:#ccc;
    margin:0 5px;
    float:left;              /* 左浮动 */
}
#right{                      /* 右侧内容 */
    width:200px;
    height:300px;
    background-color:#ccc;
    float:right;             /* 右浮动 */
}
#footerWrap{                 /* 页面底部外面的环绕块 */
    width:100%;
    height:120px;
    background-color:#0FF;
    margin:0px auto;
}
#footer{                     /* 页面底部 */
    width:980px;
    height:120px;
    background-color:#0FF;
    margin:0 auto;
}
```

三、学习任务小结

通过本次任务的学习,同学们掌握了单列布局、两列布局、三列布局以及通栏布局这四种布局方式。每种布局都独具特色,同学们可以根据网页主题的具体要求,灵活选择合适的布局方式,以达到最佳的网页展示效果。

四、课后作业

(1)网络搜索并赏析 5 幅网页,然后撰写一段 100 字左右的网页布局感受。

(2)根据所给网页主题,设计并制作一个网页布局,选择合适的网页框架布局来呈现主题内容。

项目四
使用 CSS 样式控制网页外观

学习任务一　设置 CSS 样式的属性
学习任务二　应用 CSS 样式

设置 CSS 样式的属性

教学目标

（1）专业能力：使学生掌握设置 CSS 样式属性的方法，包括设置字体、文本、背景、列表、间距以及布局等属性；学会利用 CSS 预处理器（如 Less 和 Sass）的内置功能；能够更高效地编写 CSS 代码，为后续网页设计的学习和实践奠定坚实基础。

（2）社会能力：通过课程学习，学生应能与团队成员就 Web 前端相关的一般工程问题进行有效沟通和交流，从而培养学生的创新能力、沟通能力、团队协作能力、应变能力和领导力等。

（3）方法能力：秉持工学一体化的教育理念，让学生边"用"边学，通过实际项目或模块的学习实践，提升问题解决能力和自主学习能力。

学习目标

（1）知识目标：掌握设置 CSS 样式属性的方法，以及有关 CSS 预处理器（如 Less 和 Sass）内置功能的基础知识。

（2）技能目标：能够熟练设置 CSS 样式属性，包括字体、文本、背景、列表、间距及布局等属性，并能利用 CSS 预处理器的内置功能高效地编写 CSS 代码。

（3）素质目标：激发对网页设计的兴趣，提升自主学习能力、问题解决能力和团队协作能力。

教学建议

1. 教师活动

（1）介绍与演示：教师应首先介绍 CSS 样式属性的设置方法，并通过实际操作演示，让学生直观地了解如何设置 CSS 样式属性。

（2）项目驱动教学：设计贴近实际工作需求的项目任务，例如设置字体、文本、背景、列表、间距及布局属性等，同时引导学生利用 CSS 预处理器（如 Less 和 Sass）的内置功能高效编写 CSS 代码，通过完成任务来学习和掌握网页样式制作技能。

（3）激励与指导：鼓励学生积极参与网页设计大赛，激发他们的积极性和创造力，同时提供必要的指导和支持。

2. 学生活动

（1）动手实践：学生应积极参与课堂实践活动，动手设置 CSS 样式属性，完成教师布置的项目任务，以巩固所学知识。

（2）团队协作：在教师的指导下，学生可以组成小组，共同完成项目任务，以培养团队协作和沟通能力。

（3）创新设计：学生发挥创意，设计具有个性的网页作品，并积极参加网页设计大赛，以提升实践能力和创新思维。

一、学习问题导入

Dreamweaver 2021 配备了极为全面的网页设计功能,利用 CSS 进行网页设计能够轻松实现网页的排版布局,有效减少代码重复,助力用户打造统一风格的页面。那么,如何正确设置 CSS 样式?又如何充分利用 CSS 预处理器(例如 Less 和 Sass)的内置功能来高效编写 CSS 代码呢?这些问题正是本学习任务的核心内容。

二、学习任务讲解与技能实训

知识点一:设置 CSS 样式的属性

设置 CSS 样式的属性值时需要指定单位,这些单位分为相对单位和绝对单位两种,具体如下。

"em":相对于字母高度的比例因子,例如 font-size:2em。

"%":相对于长度单位(通常是当前字体的大小)的百分比例,例如 font-size:80%。

"px":像素(系统预设单位),例如 font-size:12px。

"pt":像点,例如 font-size:12pt。

"pc":印刷活字单位,具体包括"cm"(厘米)、"mm"(毫米)和"in"(英寸)。

当值为 0 时,表示不需要设置单位。例如:border=0 表示没有边框。

在使用单位时,如果制作的网页在分辨率改变时,字体大小也随之改变,可使用单位 % 和 em;如果希望网页在不同分辨率下保持固定大小,可以使用单位 px、pt。

1. 定义 CSS 的列表属性

list-style-type 属性用于设置列表项的标记类型。由于不同浏览器可能呈现不同的列表符号,因此,在网页设计中,列表的样式往往通过背景图片来控制,以确保用户界面的一致性。具体操作步骤如下:

首先,在 Dreamweaver 2021 中,选择菜单栏上的"编辑"(Windows 用户)或"Dreamweaver"(Macintosh 用户),然后点击"首选项"。在弹出的"首选项"对话框中,从左侧的"分类"列表中选择"CSS 样式",如图 4-1、图 4-2 所示。

其次,设置 CSS 样式选项。

(1)在创建 CSS 规则时,利用速记功能:选择让 Dreamweaver 以速记方式编写 CSS 样式属性。若选择"依据以上设置",则 Dreamweaver 会以速记方式重新编写在"使用速记"选项中已选择的属性样式。

(2)在编辑 CSS 规则时,同样可利用速记功能:此选项控制 Dreamweaver 是否以速记方式重新整理现有样式。若选择"如果原来使用速记",则会保持所有样式的原样不变。

(3)CSS 前缀:此功能已自动为选定浏览器的渐变效果添加了必要的前缀样式。

再次,在 CSS 规则定义对话框中,从分类下拉框中选择"列表"类别,然后在右侧的列表部分设置相关属性。

List-style-type:用于设置列表项的项目符号或编号的样式。

List-style-image:允许为列表项的项目符号指定自定义的图像。

List-style-position:设置列表项文本是换行并缩进至项目符号外部(outside),还是换行至左边距内并与项目符号对齐(inside)。

最后,点击"应用"按钮以保存设置。

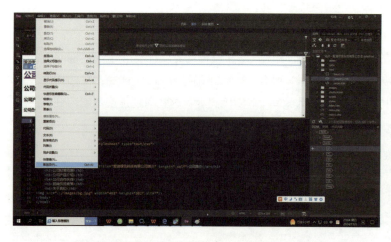
图 4-1 打开"首选项"对话框

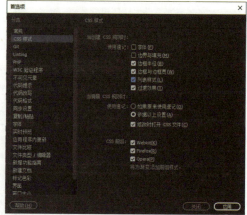
图 4-2 打开"CSS 样式"

例如：创建 CSS 规则定义中的区块设置属性。

首先，输入要编辑的文本，如图 4-3 所示。

其次，在右侧的 CSS 设计器中，新建一个文件夹，将光标移到内容区域，如图 4-4 所示。

图 4-3 输入要编辑的文本　　　　　　　　　图 4-4 新建 styles 文件夹

接着，在右侧的新建选择器中，选择要定义的 CSS 规则，例如 body h2 或 body h3。将光标放在目标位置，系统会自动生成对应的 CSS 规则，该规则将显示在右侧的属性面板中。

导入：@import url("../styles/h2.css");

链接：<link href="../styles/h3.css" rel="stylesheet" type="text/css">

如图 4-5 ～图 4-7 所示。

再次，在 CSS 属性面板或右侧的属性面板中，设置所需的 CSS 属性。如果要插入一个 div，并为其指定一个类，则在插入 div 后，在属性面板中输入类名；如果要为 div 指定一个 ID，则将光标放在 div 的名称上，系统会自动生成对应的 CSS 规则，如图 4-8 所示。

最后，点击"新建 CSS 规则"按钮，插入图片或文字。用鼠标右键单击图片或文字，选择新建 CSS 规则。在右侧的源代码中，新建一个文件夹，并将光标定位在不同的段落上。在右侧的新建选择器中，选择不同的 CSS 规则。这些规则将显示在右侧的 CSS 属性面板中，并与目标规则配合使用，如图 4-9 ～图 4-11 所示。

由于篇幅有限，以下文本、颜色等属性设置省略了图示步骤，这些将在后面的综合案例中进行展示。

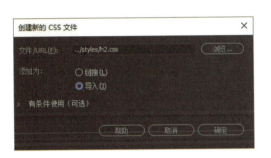

图 4-5 添加 CSS 源

图 4-6 创建 h2.css 文件

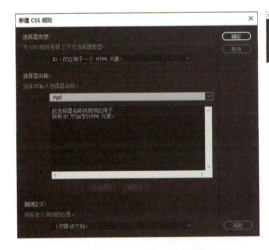

图 4-7 导入 h2.css 文件

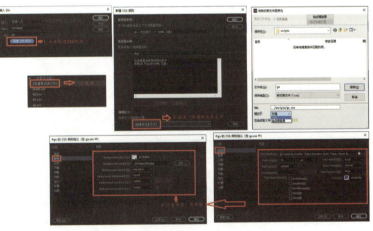

图 4-8 插入 div，设置 class 和 ID

图 4-9 新建 div 中的 CSS 规则

图 4-10 设置 CSS 样式的属性

图 4-11 CSS 样式应用效果图

2. 定义 CSS 的文本属性

CSS 的文本属性包括字号、字体、正常/加粗等。

font-size: 字号参数;
font-style: 字体样式;
font-weight: 字体粗细。

3. 定义 CSS 的颜色属性

CSS 提供了 16 777 216 种颜色供我们使用,表现颜色的方式包括颜色名字、RGB(red,green,blue) 数值和十六进制数等,具体如下。

#RRGGBB:以三个 00 到 FF 的十六进位值,分别表示 0 到 255 十进位值的红、绿、蓝三原色数值。

#RGB:简略表示法,只用三个 0 到 F 的十六进位值分别表示红、绿、蓝三原色数值。而事实上,浏览器会自动扩展为六个十六进位的值,如"#ABC"将变为"#AABBCC"。显而易见,这样的表示法并不精确。

RGB(R,G,B):以 0 到 255 十进位值的红、绿、蓝三原色数值来表示颜色。

RGB(R%,G%,B%):以红、绿、蓝彼此相对的数值比例来表示颜色,如 RGB (60%,100%,75%)。

Color_Name:直接以颜色名称来表示颜色,共有 141 种标准的颜色名称。

例如红色可以表示为 red、RGB(255,0,0)、rgb(100%,0%,0%)、#ff0000 和 #f00。

在设置颜色的时候通常是设置文字的颜色和背景色。

color: 参数
body{
font-size:0.8em;
color:navy;
}
h1{
color:#ffc;
background-color:#009;
}

例如:H3{COLOR:BLUE} 表示在文本中只要使用 H3 标签的文字的颜色都是蓝色。其中 H3 为挑选者,COLOR 为属性,BLUE 为 COLOR 属性的值。按图 4-10 进行设置,效果如图 4-11 所示。

注意:对于页面中的主要文字区域或者背景的颜色,建议选用网页安全色。网页安全色是指在不同硬件环境、不同操作系统、不同浏览器中都能够正常显示的颜色集合(调色板),也就是说这些颜色在任何终端浏览用户显示设备上的显示效果都是相同的。

4. 定义 CSS 的超链接属性

定义 CSS 的超链接属性,主要作用是改变浏览器显示文字链接时的状态,如表 4-1 所示。

表 4-1 超链接属性的设置

区块属性	格式	参数的取值
CSS 的超链接	text-decoration: 参数	underline:为文字加下划线 overline:为文字加上划线 line-through:为文字加删除线 blink:使文字闪烁 none:不显示上述任何效果

5. 定义 CSS 的背景（background）属性

CSS 的背景属性的相关设置如表 4-2 所示。

表 4-2 背景属性的设置

序号	区块属性	格式	参数的取值
1	背景颜色	background-color: 颜色	详见定义 CSS 的颜色属性
2	背景图片	background-image: url(图片的路径)	url 就是背景图片的存放路径，none 表示无；如果图片小的话，默认是会平铺，直到填满整个容器
3	背景图片重复	background-repeat: 参数	background-repeat: no-repeat（不重复平铺背景图片）；background-repeat: repeat-x（使图片只在水平方向上平铺）；background-repeat: repeat-y（使图片只在垂直方向上平铺）
4	背景图片固定	background-attachment: 参数	fixed：网页滚动时，背景图片相对于浏览器的窗口而言，固定不动；scroll：网页滚动时，背景图片一起滚动
5	背景图片水平方向位置	background-position-x: center	图片水平居中（左 left、右 right）
6	背景图片垂直方向位置	background-position-y: center	图片垂直居中（上 top、下 bottom）
7	图片水平垂直居中	background-position: center center	水平和垂直居中
8	背景图片的大小	background-size: 宽 高	指定背景图片的大小
9	背景图片水平垂直同时设置	background: 颜色 url（图片路径）要不要平铺 图片的左右位置 上下位置；	background-size: ；图片的大小是要单独设置的，而且要写在 background 下面

提示：如果不指定背景图片的重复属性，浏览器默认背景图片会在水平和垂直两个方向上平铺。如果没有设置背景图片，那么背景平铺属性将不适用。背景图片的固定属性用于控制背景图片是否随网页的滚动而滚动。如果不设置背景图片的固定属性，浏览器默认背景图片会随网页的滚动而滚动。为了避免过于花哨的背景图片在滚动时分散浏览者的注意力，通常会将背景图片设置为固定。以上属性只能单独设置，不能同时设置多个。

6. 定义 CSS 的区块属性

定义 CSS 的区块属性如表 4-3 所示。

表 4-3 定义 CSS 的区块属性

序号	区块属性	格式	参数的取值
1	单词间距	word-spacing: 间隔距离	可以是具体的长度值
2	字母间距	letter-spacing: 字母间距	可以是具体的长度值
3	文本对齐	text-align: 参数	left：左对齐 right：右对齐 center：居中对齐 justify：相对左右对齐 text-decoration：文本的修饰（下划线、上划线、删除线等）

续表

序号	区块属性	格式	参数的取值
4	垂直对齐	vertical-align: 参数	top: 顶对齐 bottom: 底对齐 text-top: 相对文本顶对齐 text-bottom: 相对文本底对齐 baseline: 基准线对齐 middle: 中心对齐 sub: 以下标的形式显示 super: 以上标的形式显示
5	文本缩进	text-indent: 缩进距离	12 px 相当于一个文字距离
6	空格	white-space: 参数	normal: 正常 pre: 保留 nowrap: 不换行
7	显示样式	display: 参数	block: 块级元素，在对象前后都换行 inline: 在对象前后都不换行 list-item: 在对象前后都换行，增加了项目符号 none: 无显示

7. 定义 CSS 的方框属性

可以让块级元素在一行中排列，例如横向菜单，如表 4-4 所示。

表 4-4 定义 CSS 的方框属性

序号	属性元素	名称	序号	属性元素	名称
1	height	高度	6	clear	清除浮动
2	width	宽度	7	border-radius	圆角
3	padding	内边距	8	box-shadow	阴影
4	margin	外边距	9	opacity	透明度
5	float	浮动			

8. 定义 CSS 的边框（border）属性

在 CSS 属性设置中，为了网页的美观，通常要设置边框属性，具体格式及参数如表 4-5 所示。

表 4-5 定义 CSS 的边框属性

序号	区块属性	格式	参数的取值
1	样式	border style: 参数	none: 无边框 dotted: 边框为点线 dashed: 边框为长短线 solid: 边框为实线 double: 边框为双线
2	宽度	border width: 参数	可以是具体的长度值
3	颜色	border color: 参数	可以是具体的长度值

9. 定义 CSS 的光标（cursor）属性

cursor：光标形状参数，具体属性如表 4-6 所示

表 4-6 CSS 光标形状参数表

序号	属性元素	名称	序号	属性元素	名称
1	手形	style="cursor:hand"	8	上箭头形	style="cursor:n-resize"
2	十字形	style="cursor:crosshair"	9	左上箭头形	style="cursor:nw-resize"
3	文本形	style="cursor:text"	10	左箭头形	style="cursor:w-resize"
4	沙漏形	style="cursor:wait"	11	下箭头形	style="cursor:s-resize"
5	十字箭头形	style="cursor:move"	12	右下箭头形	style="cursor:se-resize"
6	问号形	style="cursor:help"	13	左下箭头形	style="cursor:sw-resize"
7	右箭头形	style="cursor:e-resize"			

10. 定义 CSS 的定位（position）属性

在 CSS 规则定义对话框中，在分类下拉框中选择"定位"，在右边的定位部分设置相关属性。

positon：设置浏览器应该如何定位选定的元素。

width：设置元素的宽度。

visibility：设置内容的初始显示条件。如果不指定可见性属性，则默认情况下内容将继承父级标签的值。

z-index：设置内容的堆叠顺序。z 轴值较高的元素显示在 z 轴值较低的元素（或根本没有 z 轴值的元素）的上方。值可以为正，也可以为负。

overflow：设置当容器（如 DIV 或 P）的内容超出容器的显示范围时的处理方式。

placement：指定内容块的位置和大小。

clip：定义内容的可见部分。

知识点二：CSS 预处理器

在网页制作中，CSS 预处理器是用于扩展 CSS 功能的工具，开发者使用变量、嵌套、混合（mixins）、扩展（extend）等功能编写 CSS，提高代码的可维护性和可重复性。

Sass 和 Less 是两种流行的 CSS 预处理器，允许开发者使用更高级的语法来编写 CSS。Sass 是基于 Ruby 语言开发的，Less 是基于 JavaScript 开发的。Sass 和 Less 都提供了丰富的功能，如变量、嵌套、混合、扩展等。下面学习预处理器 Sass 和 Less 的使用和配置方法。

1.Sass 和 Less 的使用方法

要使用 Sass 和 Less，首先需要安装相应的编译器。对于 Sass，可以使用 Ruby 进行安装，或者使用 Gemfile 进行安装；对于 Less，可以使用 NPM 进行安装。

示例：

```
npm install -g less
```

安装后，在项目中使用 Sass 或者 Less：

```
sass input.scss output.css
```

或者

less input.less output.css

2.Sass 预处理器

Sass 支持 7 种主要的数据类型，如表 4-7 所示。Sass 语法的具体说明如表 4-8 所示。

表 4-7 Sass 支持 7 种主要的数据类型

序号	数据类型	示例
1	数字	[1.0, 2, 3px]
2	字符串	{"win",'win',win}
3	颜色	[white,#ffffff,rgb(0,0,0,)]
4	布尔值	[true,false]
5	空值	[null]
6	列表	[10x 10px,key,value,vue,react,3]
7	映射	((key1:value1,key2:value2)) 映射 map 键 -> 值

表 4-8 Sass 语法

序号	数据类型	示例	序号	数据类型	示例
1	赋值	定义变量用 $	6	引入	导入 .sass 文件或 .scss 文件
2	插值	用 "#"定义值后，用 #_{} 进行插值，和值一起写入括号中	7	函数	Sass 和 Less 有的函数可以通用，但有的不可以，需要在官网查询。通用函数有 round()，表示取整；recentage()，表示小数转换成百分数等。Sass 可以自定义函数，使用 function 定义
3	作用域	如果先取值，再定义新变量，则定义新变量之前的代码使用之前的值，定义新变量之后用更改后的值，即作用域有顺序性	8	混入、命名空间、继承	用 @mixin 方法定义要混入的样式，用 @include 将方法混入
4	选择器嵌套、伪类嵌套、属性嵌套	元素是标签与标签之间包裹的内容，所有元素都会被加上开始与结束标签，伪类选择器是伪元素的一种操作状态	9	合并、媒体查询	合并：在定义的函数中用小括号填入参数，用 map-values() 传入参数
5	运算	不同的单位不能进行计算，默认 / 是分割号	10	条件判断、循环条件判断	if-else；循环 for

默认变量：在后面添加 !default，变量不会根据位置执行，而是执行不是默认变量的值；变量分为全局变量和局部变量，在局部变量后添加!global，局部变量作用域会变为全局变量。

```
*/$color:red;
#div{
    color:$color;// 使用全局变量，结果为 red
    //$color:orange// 使用局部变量，结果为 orange
    $color:orange !global;
    .box{
        background-color:$color;// 在本作用域下颜色为 orange
```

```
    }}
#div2{
    background-color:$color;// 由于局部变量已变为全局变量，因此结果为 orange}
        weight:bold;
        }
    }}
```

3.Less 预处理器

Less 文件中，不会显示单行注释，只会显示多行注释。Less 语法的具体说明如表 4-9 所示。

表 4-9 Less 语法

序号	数据类型	示例	序号	数据类型	示例
1	赋值	全局变量和局部变量 在局部变量后添加！global，局部变量作用域变为全局变量	6	引入	minxin 可以像函数一样使用，利用这个特性，可以简化浏览器兼容的代码。在不同浏览器中需要使用不同的前缀来进行兼容。因此可以将这些细节隐藏在 minxin 中，在某些类中调用这些 mixin，并将需要的参数传递进行，得到带有不同前缀的 CSS 代码，可以简化代码量
2	插值	.less 文件中定义一个值，插入进去用 @{}，将定义的值放入括号中	7	函数	命名空间：用 # 名称 () 创建，# 名称 + 样式调用 继承：直接在需要使用的样式中用 &:extend() 调用，编译后会写成分组选择器，节省代码量（相比命名空间）
3	作用域	.less 文件中，在大括号里有已经创建的变量，优先使用大括号里面的变量值	8	混合、命名空间、继承	合并：.less 中对同一种属性的值进行合并，用 + 合并之后，编译的是用，隔开，用 +_ 合并的值，编译后用空格隔开
4	选择器嵌套、伪类嵌套、属性嵌套	在 .sass 文件中，可以对标签嵌套，在里面写各个层级相应的样式，编译完成之后会自动写好对应的选择器代码，减少复杂的编译选择器代码，属性嵌套只有 .sass 文件有	9	合并、媒体查询	通过条件判断、循环生成重复的 CSS 样式
5	运算	.less 中可以做加减乘除操作，当不同的单位进行运算的时候，会按照第一个单位进行计算，只能计算值	10	条件判断、循环	sass 导入 scss 文件，less 导入 less 文件

知识点三：定义 CSS 的扩展属性

在 CSS 规则定义对话框中，在分类下拉框中选择"扩展"，在右边的扩展部分设置属性。

page-break-before：打印时在样式所控制的对象之前强行分页。

page-break-after：打印时在样式所控制的对象之后强行分页。

cursor：当指针位于样式所控制的对象上时改变指针图像。

filter：对样式所控制的对象应用特殊效果（包括模糊和反转）。

设置好 CSS 规则定义对话框中的属性以后，单击"确定"按钮可设置 CSS 属性。

提示：如果某一个属性不需要设置，可以将其保留为空。

示例：创建 context.css 样式文件的步骤。效果要求：文字需随窗口大小变化而自动调整。具体如图 4-12 ~ 图 4-21 所示。

图 4-12 打开 jianli.html 文件　　　　图 4-13 选择右侧 CSS 设计器，添加新的 CSS 源

图 4-14 创建新的 CSS 文件　　　　图 4-15 选择 styles 文件夹

图 4-16 将样式表文件另存为 context.css 文件　　　　图 4-17 添加背景颜色等属性

图 4-18 创建过渡效果

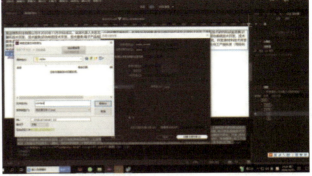
图 4-19 保存 context 样式文件

图 4-20 使用 context 样式文件的效果图

图 4-21 设置 context.css 样式文件

三、学习任务小结

本次课程主要讲解了设置 CSS 样式属性的基础知识和基本操作,并学习了如何使用 CSS 预处理器(如 Less 和 Sass)的内置功能,以便更高效地编写 CSS。通过学习这些内容,同学们能够认识到 Sass 和 Less 在网页制作中的重要性,掌握 Sass 和 Less 的使用方法。这些工具能够为前端开发提供强有力的支持,提高开发效率,为今后的网站设计和制作打下坚实的基础。

四、课后作业

(1)设置个人网站的 CSS 样式属性。

(2)分组讨论如何设置 CSS 样式,并探讨如何利用 CSS 预处理器的内置功能来编写 CSS。

(3)美化网页首页文件 index.php。

(4)提交包含站点规划、网页结构草图、站点文件结构图的文档(提交形式可为 Word、PDF 或图片格式),并同时提交网站文件夹。

(5)填写"任务评价表"并将作业上传至指定位置。

学习任务二 应用 CSS 样式

教学目标

（1）专业能力：学生能够掌握三种设置 CSS 引入方式的方法，学会利用 CSS 选择器将 CSS 样式应用于网页中，并掌握制作 CSS 链接特效的技巧。学生应熟练掌握至少一种 CSS 引入方式、class 选择器以及 DIV+CSS 选择器的应用样式，为后续网页设计的学习和实践奠定坚实基础。

（2）社会能力：通过课程学习，学生能够就 Web 前端相关的一般工程问题与团队成员进行有效沟通和交流，从而培养学生的创新能力、沟通能力、团队协作能力、应变能力和领导能力等。

（3）方法能力：秉持工学一体化的教育理念，让学生边"用"边学，通过实际项目或模块的学习，提升问题解决能力和自主学习能力。

学习目标

（1）知识目标：掌握三种设置 CSS 引入方式的方法，并了解如何利用 CSS 选择器将 CSS 样式应用到网页中。

（2）技能目标：能够熟练掌握至少一种 CSS 引入方式的设置，以及 CSS 选择器的基本操作，学会制作 CSS 链接特效，并熟练应用 class 选择器和 DIV+CSS 选择器的样式。

（3）素质目标：培养网页设计兴趣，提升自主学习能力、问题解决能力和团队协作能力。

教学建议

1. 教师活动

（1）介绍与演示：教师应首先介绍设置 CSS 引入方式的三种方法，并通过演示操作，让学生直观了解如何制作 CSS 链接特效，以及如何使用 class 和 DIV+CSS 选择器。

（2）项目驱动教学：设计实际的项目任务，如设置 CSS 引入方式、制作 CSS 链接特效、应用 class 和 DIV+CSS 选择器等，引导学生通过完成任务来学习和掌握网页制作的技能。

（3）激励与指导：鼓励学生参加网页设计大赛，激发学生的积极性和创造性，同时提供必要的指导和支持。

2. 学生活动

（1）动手实践：学生应积极参与课堂实践，应用 class 和 DIV+CSS 选择器制作网页，并完成教师布置的项目任务，以巩固所学知识。

（2）团队协作：在教师的指导下，学生可以组成小组，共同完成项目任务，以培养团队协作和沟通能力。

（3）创新设计：学生发挥创意，设计具有个性的网页作品，并参加网页设计大赛，以提升实践能力和创新思维。

一、学习问题导入

上节课我们学习了如何设置 CSS 样式的属性，以及如何利用 CSS 预处理器（如 Less 和 Sass）的内置功能来高效地编写 CSS。本次课我们将学习如何在 HTML 中正确地应用 CSS 样式。

二、学习任务讲解与技能实训

知识点一：CSS 引入方式

在 Dreamweaver 2021 中，有多种方式可以应用已经创建好的 CSS 样式。

（1）可以在"属性"面板的"样式"下拉列表框中，选择已经创建好的样式进行应用。

（2）通过菜单栏选择"文本"→"CSS 样式"命令，然后从弹出的列表中选择一种已经设置好的样式进行应用。

（3）在"CSS 样式"面板中，选中要应用的样式后，可以在面板的右上角单击相应的按钮，或者直接在该样式上单击鼠标右键，从弹出的菜单中选择"应用样式"命令来应用该样式。

（4）外部样式表通常用于多个网页的样式统一。若其他网页文档想要使用已创建的外部样式表，必须通过"附加样式表"命令将样式表文件链接或导入到文档中。代码示例为"@import url("/styles/context.css");"，具体操作如图 4-22 所示。

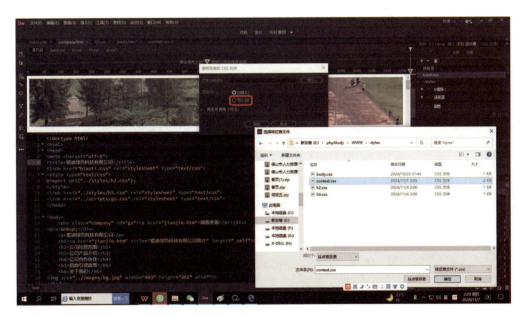

图 4-22 导入现有的 CSS 样式

在 Dreamweaver 2021 中的 CSS 引入方式有以下三种。

1. 内联样式

可以通过 style 属性直接将样式定义嵌入到 HTML 标记中，即 style 属性值就是内联样式，语法为 <标记名 style=" 样式名：样式值，样式名：样式值;">。

例如：<span style="font-size:24px">，如图 4-23 所示。

图 4-23 CSS 引入方式——内联样式示例

代码如下：

<html>
<head>
<title> 爱迪绿色科技有限公司 </title>
</head>
<body>

　　CSS 引入方式之一：内联样式

<input
type="button"
value=" 按钮 "
style="
　　display:block;　　　　color:yellow;
　　width:60px;　　　　　height:30px;
background-color:rgba(18,140,134,1.00);
　　border:3px solid blue;
　　font-size:20px;　　　font-family:' 隶书 ';
　　line-height:30px;　　border-radius:5px;
"/>
</body>

2. 内部样式

在网页文档的头部定义的 CSS 样式，可以被该网页中所有的 HTML 标记引用。这是通过在 <head> 标签内使用 <style> 标签来实现的，同时需要使用选择器来确定样式的作用对象。这种方法适用于为特定网页指定样式，既可以展现外部 CSS 文档所定义的网页风格，也可以包含 HTML 文档内部指定的 CSS 样式，如图 4-24 所示。

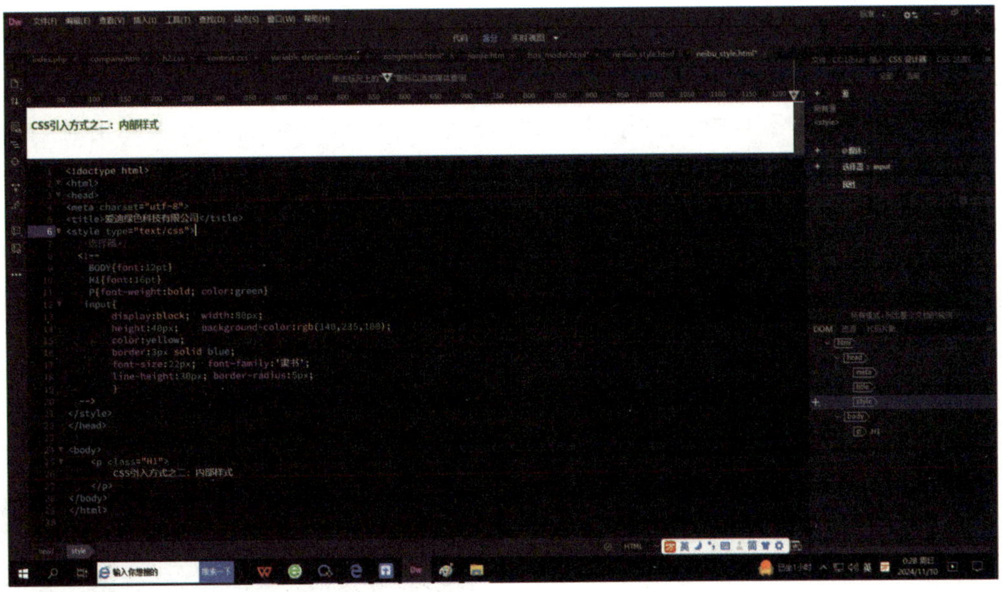

图 4-24 CSS 引入方式——内部样式示例

代码如下：

```html
<html>
<head>
<meta charset="utf-8">
<title>爱迪绿色科技有限公司 </title>
<style type="text/css">
  /* 选择器 */
  <!--
   BODY{font:12pt}
   H1{font:16pt}
   P{font-weight:bold; color:green}
   input{
      display:block; width:80px;
      height:40px; background-color:rgb(140,235,100);
      color:yellow;
      border:3px solid blue;
      font-size:22px; font-family:' 隶书 ';
      line-height:30px; border-radius:5px;
      }
   -->
</style>
</head>

<body>
   <p class="H1">
      CSS 引入方式之二：内部样式
   </p>
</body>
</html>
```

3. 外部样式

为了方便管理整个网站的网页风格，实现网页文字内容与版面设计的分离，并确保所有网页都能统一使用相同的样式，我们需要建立外部样式表。外部样式表是一个以".css"为扩展名的文本文件，专门用于存储CSS样式代码。

在Dreamweaver 2021中，可以通过以下步骤创建新的CSS样式表文件：选择菜单中的"文件"→"新建"，然后在弹出的对话框中选择"常规"类别下的"CSS样式表"。点击创建后，即可进入CSS样式文件的编辑窗口，如图4-25和图4-26所示。

对于任意新建的文档，如果想要应用此CSS样式，可以在其<head>标签中，通过<link>标签来引入外部CSS样式表（请注意h2.css文件的位置需正确），具体操作如图4-27所示。

图4-25 新建文档

图4-26 编辑h2.css样式文件内容

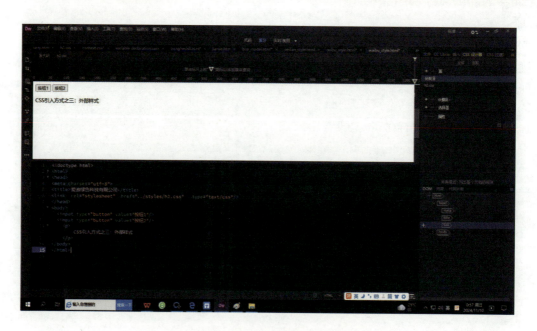

图4-27 CSS引入方式——外部样式

代码如下：

```
<html>
<head>
<meta charset="utf-8">
<title> 爱迪绿色科技有限公司 </title>
<link rel="stylesheet" href="../styles/h2.css" type="text/css"/>
</head>
<body>
<input type="button" value=" 按钮 1"/>
<input type="button" value=" 按钮 2"/>
</body>
</html>
```

上述三种 CSS 引入方式，可以同时使用，也可以根据需求选择其中一种或两种，建议使用第三种方式。当不同 CSS 描述发生冲突时，则内在定义的 CSS 会覆盖外部链接的 CSS，文本间的 CSS 会覆盖内在定义的 CSS，即外部的描述将不再起作用。

知识点二：CSS 选择器

1. 元素选择器

根据标签名确定样式的作用范围。

语法为：元素名 {};

样式只能作用到同名标签上，其他标签不可用；相同的标签势必需要相同的样式，会造成样式的作用范围太大，如图 4-28 所示。

图 4-28 CSS 元素选择器

代码如下：

```
<head>
  <meta charset="utf-8">
  <style>
```

```
      input{
         display:block;  width:80px;
         height:40px;    background-color:rgba(194,151,25,1.00);
         color:white;    border:3px solid blue;
         font-size:22px;  font-family:'隶书';
         line-height:30px; border-radius:5px;
      }
    </style>
  </head>
  <body>
    <input type="button" value=" 按钮 1"/>
    <button> 按钮 </button>
  </body>
```

2.ID 选择器

根据元素 ID 属性的值确定样式的作用范围。

语法为：#id 值 {};

ID 属性的值在页面上具有唯一性，所有 ID 选择器也只能影响一个元素的样式。因为 ID 属性值不够灵活，所以使用该选择器的情况较少，如图 4-29 所示。

图 4-29 ID 选择器

代码如下：

```
<head>
  <meta charset="UTF-8">
  <style>
    #btn1{
       display:block;  width:80px;
       height:40px;    background-color:rgba(235,162,100,1.00);
       color:white;
```

```
            border:3px solid #150DCD;
            font-size:20px; font-family:'隶书';
            line-height:30px; border-radius:5px;
            }
    </style>
</head>
<body>
    <input id="btn1" type="button" value="按钮 1"/>
</body>
```

3.class 选择器

根据元素 class 属性的值确定样式的作用范围。

语法为：.class 值 {};

class 属性值可以有一个，也可以有多个；不同的标签也可以使用相同的 class 值。多个选择器的样式可以在同一个元素上进行叠加。由于 class 选择器非常灵活，因此在 CSS 中使用这种选择器的情况较多，如图 4-30 所示。

图 4-30 class 选择器

代码如下：
```
<head>
    <meta charset="UTF-8">
    <style>
        .shapeClass{
            display:block;
            width:80px;
            height:40px;
                border-radius:5px;
        }
        .colorClass{
```

```
            background-color:rgb(140,235,100);
            color:white;
             border:3px solid green;
         }
            .fontClass{
            font-size:22px;  font-family:'隶书';
             line-height:30px;
         }
    </style>
    </head>
    <body>
        <input  class="shapeClass" type="button" value="按钮1"/>
        <input  class="colorClass" type="button" value="按钮2"/>
        <input  class="fontClass"  type="button" value="按钮3"/>
    </body>
```

4.CSS 浮动

CSS 的浮动（float）属性使元素脱离文档流，并按照指定的方向（向左或向右）移动，直到其外边缘碰到包含框或另一个浮动元素的边框为止。

代码如下：

```
<head>
        <meta charset="UTF-8">
        <style>
          .outerDiv{
            width:500px;
            height:300px;
            border:1px solid green;
            background-color:rgb(230,224,224);
         }
          .innerDiv{
            width:100px;
            height:100px;
            border:1px solid blue;
            float:left;
         }
         .d1{
            background-color:rgb(166,247,46);
            position:static;
         }
         .d2{
            background-color:rgb(79,230,124);
         }
         .d3{
```

```
            background-color:rgb(26,165,208);
        }
    </style>
</head>
```

5.CSS 定位

绝对定位(absolute)通过 top、left、right、bottom 属性指定元素在页面上的固定位置。元素被绝对定位后，会脱离文档流，让出原来的位置，其他元素可以占用该位置。相对定位（relative）是相对于元素自己原来的位置进行定位，定位后元素仍保留在文档流中并占据原来的位置，其他元素不会移动到该位置。固定定位(fixed)则使元素始终固定在浏览器窗口的某个位置，不会随着页面的滚动而上下移动。元素被固定定位后，同样会脱离文档流，让出原来的位置，其他元素可以占用该位置。

代码如下：

```
<head>
        <metacharset="UTF-8">
        <style>
         .innerDiv{
         width:100px;
         height:100px;
    }
    .d1{
        background-color:rgb(166,247,46);
        position:static;
    }
    .d2{
        background-color:rgb(79,230,124);
    }
    .d3{
        background-color:rgb(26,165,208);
        }
        }
    </style>
</head>
```

6.CSS 盒子模型

所有的 HTML 元素都可以被看作盒子。在 CSS 中，"box model"（盒子模型）这一术语用于设计和布局。CSS 盒子模型本质上是一个概念性的盒子，它封装了周围的 HTML 元素，并包括以下几个部分：margin（外边距）、border（边框）、padding（内边距）以及 content（内容）。

margin（外边距）：清除边框外的区域，外边距是透明的。

border（边框）：围绕在内边距和内容外的边框。

padding（内边距）：清除内容周围的区域，内边距是透明的。

content（内容）：盒子的内容。

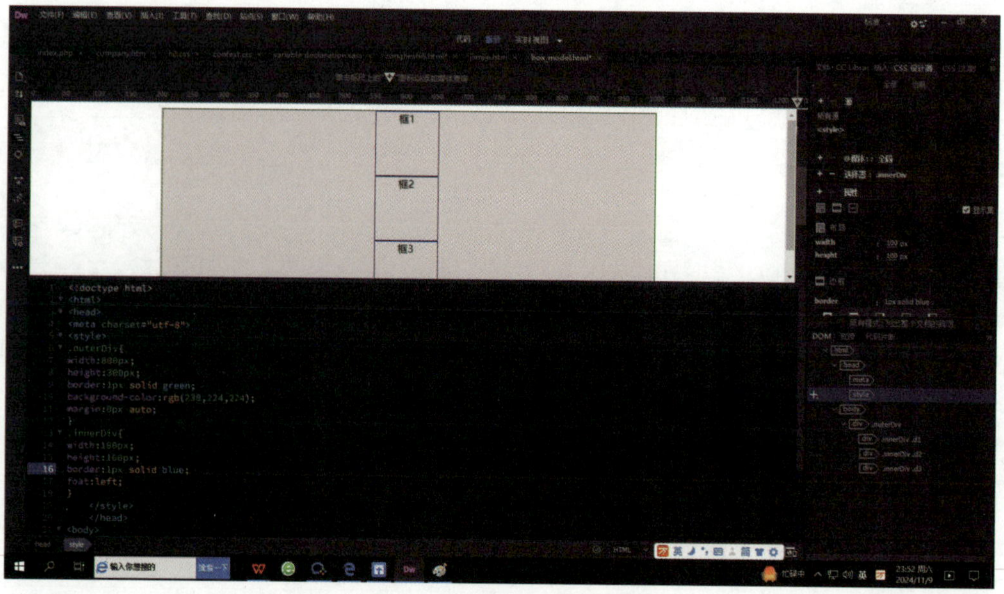

图 4-31 CSS 盒子模型示例

CSS 盒子模型示例如图 4-31 所示。

代码如下：

```
<html>
    <head>
    <meta charset="utf-8">
    <style>
.outerDiv{
    width:800px;
    height:300px;
    border:1px solid green;
background-color:rgb(230,224,224);
margin:0px auto;
    }
    .innerDiv{
width:100px;
height:100px;
border:1px solid blue;
foat:left;
    }
    </style>
    </head>
<body>
    <div class="outerDiv" align="center">
    <div class="innerDiv d1">框 1</div>
    <div class="innerDiv d2">框 2</div>
    <div class="innerDiv d3">框 3</div>
    </div>
</body>
</html>
```

以 ul li 标签为例：

ul li:first-child{ }; 找 li 下第一个

ul li:last-child{ }; 找 li 里最后一个

ul li:first-child（1）{ }; 找 li 里第 1 个

知识点三：CSS 预处理器

Sass 和 Less 都是 CSS 预处理器，它们能够帮助我们更高效地编写 CSS 代码，显著提升代码的可读性和可维护性，如图 4-32 所示。其具有以下功能。

（1）变量和混入（mixins）：通过运用变量和混入，可以有效减少重复代码，极大提升代码的可复用性。

（2）嵌套：利用嵌套功能，可以进一步增强代码的可读性和可维护性，使 CSS 结构更加清晰。

（3）扩展（extend）/继承：使用扩展（在某些预处理器中可能称为继承）功能，可以基于现有样式创建更丰富的视觉效果，同时保持代码的简洁和一致性。

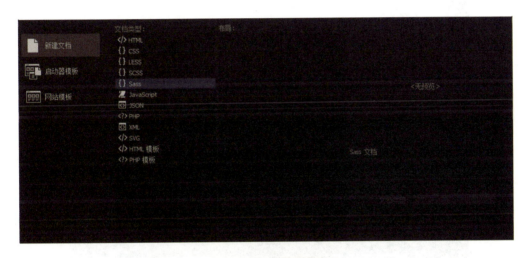

图 4-32 新建 Sass 预处理器文件

在实际项目中，Sass 和 Less 有着广泛的应用，以下列举了一些典型的应用场景。

1. 变量声明

在 Sass 和 Less 中，可以使用变量来存储颜色、长度、字体等属性的值，以便在需要时轻松地更改它们，如图 4-33 和图 4-34 所示。

Sass 示例：

$primary-color:#42a5f5;

$font-size:16px;

body{

color:$primary-color;

font-size:$font-size;

}

在上述代码里，$primary-color 和 $font-size 是变量，能够在整个样式表中使用。

Less 示例：

$primary-color:#42a5f5;

图 4-33 Sass 变量声明

图 4-34 Sass 变量声明文件 variable_declaration

```
$font-size:16px;
body{
color:@primary-color;
font-size:@font-size;
background-color:#f4f4f4;
}
```

在这段代码中，@primary-color 和 @font-size 是 Less 变量。

2. 嵌套规则

在 Sass 和 Less 中，可以使用嵌套规则来简化 CSS 代码，使代码更加清晰。

Sass 示例：

```
nav{
ul{
margin:0;
padding:0;
}
li{
display:inline-block;
margin-left:1rem;
}
}
```

Less 示例：

```
nav{
ul{
margin:0;
padding:0;
}
li{
display:inline-block;
margin-left:1rem;
}
}
```

3. 混入

在 Sass 和 Less 中，可以使用混入来创建一组可重用的 CSS 样式。

Sass 示例：

```
$mixin rounded-corners{
border-radius:5px;
-webkit-border-radius:5px;
-moz-border-radius:5px;
}
.button{
@include rounded-corners;
}
```

Less 示例：

```
rounded-corners{
```

```
border-radius:5px;
-webkit-border-radius:5px;
-moz-border-radius:5px;
}
.button{
.rounded-corners();
}
```

4. 函数

在 Sass 和 Less 中，可以使用函数来处理 CSS 值，例如计算颜色渐变、转换单位等。

Sass 示例：

```
@function calculate-width($columns){
@return $columns * 100px;
}
.container{
width:calculate-width(3);
}
```

Less 示例：

```
function calculate-width(columns){
return $columns * 100px;
}
.container{
width:calculate-width(3);
}
```

三、学习任务小结

本次课程主要讲解了设置 CSS 引入的三种方法，以及如何利用 CSS 选择器将样式应用到网页中。通过本次课程的学习，同学们能够认识和了解 CSS 引入方式的设置，为将来的网站设计打下坚实的基础。

Sass 和 Less 都属于 CSS 预处理器。CSS 预处理器定义了一种新的语言，这种语言为 CSS 增加了一些编程特性，如变量、语句、函数、继承等概念。开发者使用这种专门的编程语言进行 CSS 相关的编程工作，并最终生成 CSS 目标文件。

四、课后作业

（1）利用 DIV+CSS 布局和 CSS 链接特效等方式来完成网页外观的设置。

（2）分组讨论 CSS 引入方式的设置、CSS 选择器的应用以及 CSS 预处理器的使用方法。

（3）对网页首页文件 index.php 进行美化设计。

（4）提交包含站点规划、网页结构草图、站点文件结构图的文档（提交形式可为 Word、PDF 或图片格式），并提交网站文件夹。

（5）填写"任务评价表"并将作业上传至指定平台。

项目五
使用库、模板和行为

学习任务一　创建和使用库
学习任务二　创建和应用模板
学习任务三　使用行为

学习任务一 创建和使用库

教学目标

（1）专业能力：使学生了解并熟练掌握 Dreamweaver 2021 中库的功能，包括库的创建与使用。

（2）社会能力：学生在应用库的过程中，提升团队合作与协作技巧。

（3）方法能力：借助 Dreamweaver 2021 的库功能，学生能够快速创建具有统一布局和样式的网页，确保整个网站风格的一致性。

学习目标

（1）知识目标：了解库的基本操作界面、功能及其使用技巧。

（2）技能目标：能够熟练掌握库的应用，具体包括基于选定内容创建库项目、创建空白库项目、在文档中插入库项目、编辑和更新库项目、重命名库项目、从库中删除库项目以及编辑库项目属性等操作。

（3）素质目标：能够准确判断在何种情况下使用库最为合适。

教学建议

1. 教师活动

（1）教师讲解库的基本概念，并展示课前精心准备的库应用案例及相关素材，以帮助学生初步了解库。

（2）教师亲自示范如何利用素材进行库的应用操作，涵盖基于选定内容创建库项目、创建空白库项目、在文档中插入库项目、编辑和更新库项目、重命名库项目、从库中删除项目以及编辑库项目属性等多个方面。

2. 学生活动

（1）学生认真观看教师的库应用示范，并在教师的指导下进行课堂实训。

（2）学生积极展示自己的课堂实训作业，并参与作业的分析讨论，培养自主学习的能力。

一、学习问题导入

各位同学,大家好!本次课程我们将一起学习如何在 Dreamweaver 2021 中创建和使用库。那么,什么是库呢?库是 Dreamweaver 中的一种特殊文件类型,它用于存储那些在整个网站上经常被重复使用或更新的页面元素,如图像、表格、声音等对象,这些元素被称为库项目。

库与后续学习任务中的模板有着异曲同工之妙。模板主要用于制作网页中重复的整体部分,而库则专注于网页中局部重复内容的处理。举个例子来说,如果你计划搭建一个中国诗词网站,并希望在每个页面上显示一首推荐诗,那么你可以创建一个包含推荐诗的库项目,并在每个页面上调用这个库项目。当你想要更换诗词时,只需要修改该库项目,所有使用了这个库项目的页面都会自动更新。库项目通常存放在每个站点的本地根目录下的"Library"文件夹中,并以".lbi"作为文件扩展名。

二、学习任务讲解与技能实训

1. 库

如何打开库?我们启动 Dreamweaver 2021,单击菜单栏中的"窗口"→"资源",弹出"资源"面板,单击面板左侧的"库"按钮,打开"库"资源,如图 5-1 所示。

2. 基于选定内容创建库项目

可以将选定的内容(如文字和图片)保存为库项目,之后制作网页时可以直接从库中插入,避免了重复性工作,同时也保证了页面元素的一致性。

(1)打开"资源"面板,单击面板左侧的"库"按钮,打开"库"资源。

(2)打开页面"dufu.html",在"文档"窗口中,切换到"设计"视图,选择图像"dufu.jpg"(要另存为库项目的内容)。

(3)单击"资源"面板的"库"类别底部的新建库项目按钮,一个库项目即可被创建,此时网页文档下方的"属性"面板也变为库项目"属性"面板,如图 5-2 所示。

(4)将该库项目命名为"杜甫像"。

图 5-1 "资源"面板

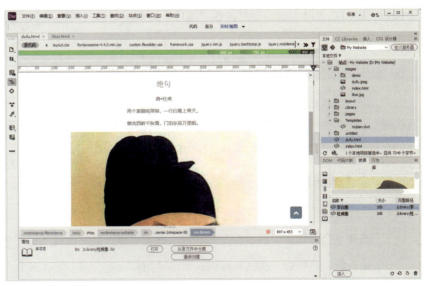

图 5-2 创建库项目

3. 创建空白库项目

创建的空白库项目可以包含 HTML 代码段、图像或其他资源，同样，之后制作网页时可以直接从库中插入，避免了重复性工作并保证了页面元素的一致性。

（1）打开"资源"面板，单击面板左侧的"库"按钮，打开"库"资源。

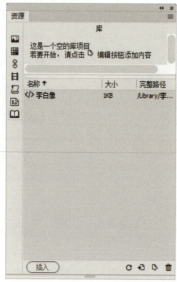

（2）单击底部的新建库项目按钮，如图 5-3 所示。

（3）一个新的空白库项目被添加到列表框中，将新的空白库项目命名为"李白像"，如图 5-4 所示。

（4）双击该库项目，对其进行编辑。单击菜单栏中的"插入"→"图像"，选择图像"libai.jpg"，单击菜单栏中的"文件"→"保存"。

图 5-3 新建库项目　　　　图 5-4 空白库项目命名

4. 在文档中插入库项目

创建好库项目后，可以直接从资源面板的库类别中将库项目拖放到文档中的合适位置，或者点击"插入"按钮，将库项目插入到光标所在位置。

（1）将光标定位在"文档"窗口中。

（2）打开"资源"面板，单击面板左侧的"库"按钮，打开"库"资源。

（3）从库列表框中选中一个库项目，按住鼠标左键并将其拖到"文档"窗口中，或者点击面板底部的"插入"按钮，即可插入选中的库项目。在"属性"面板（可通过单击菜单栏中的"窗口"→"属性"来打开）中可显示相关信息。

5. 编辑库项目和更新文档

如果需要对库项目进行编辑，可以在"资源"面板中选择该库项目，然后点击"编辑"按钮以打开库项目进行编辑。编辑完成后，可以选择更新使用该项目的所有文档，也可以选择不立即更新，这时文档将保持与库项目的关联，以后如有需要，仍然可以更新这些文档。

6. 重命名库项目

（1）打开"资源"面板，点击面板左侧的"库"按钮，打开"库"资源。

（2）选择一个库项目，用鼠标右键点击以弹出菜单，然后选择"重命名"。

（3）输入新的名称后，按回车键确认。

（4）当弹出更新文件对话框时，选择"更新"或"不更新"，以决定是否更新使用该项目的文件，如图 5-5 所示。

7. 从库中删除库项目

当删除库项目后，使用该项目的任何文件的内容都不会被更改。

（1）打开"资源"面板，点击面板左侧的"库"按钮，打开"库"资源列表。

（2）在列表中选择要删除的库项目。

（3）点击右下角的"删除"按钮，系统会弹出对话框，询问是否确认删除该库项目。点击"是"按钮，则该项目将被删除。

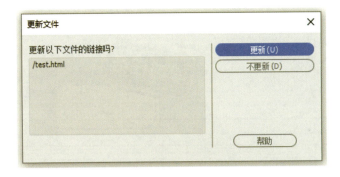

图 5-5 更新使用该项目的文件

注意：一旦删除了某个库项目，就无法通过"撤销"操作来找回它。但是，用户可以重新创建该项目。

8. 编辑库项目属性

可以在"属性"面板中对库项目进行以下操作：打开库项目进行编辑，从源文件中分离以及重新创建。

（1）在文档中选择需要操作的库项目。

（2）单击菜单栏中的"窗口"→"属性"，如图 5-6 所示，然后选择以下选项之一进行操作。

图 5-6 库项目属性

① "打开"：此选项用于打开库项目的源文件进行编辑。

② "从源文件中分离"：选择此选项，将断开所选库项目与其源文件之间的链接。在文档中，可以编辑已分离的项目，但请注意，该项目将不再被视为库项目，因此在更改源文件时，它不会得到相应的更新。

③ "重新创建"：使用此选项可以用当前选定内容覆盖原始库项目。当原始库项目丢失或意外被删除时，可以通过此选项重新创建库项目。

三、学习任务小结

本课程主要学习了创建和使用库的方法及步骤。通过本次学习任务，同学们已经初步掌握了库的应用。在网站开发中，当需要重复使用相同元素或代码片段时，库显得特别适用。插入库项目后，可以选择从源文件中分离，这样就可以在文档中对库项目进行独立编辑。后期，还需要同学们多加练习，以进一步巩固所学内容。

四、课后作业

请同学们为自己的网站完成创建和使用库的任务。

创建和应用模板

教学目标

（1）专业能力：使学生掌握 Dreamweaver 模板的相关知识，熟悉如何创建并应用模板。

（2）社会能力：设计人员能够创作模板，而团队中的其他成员则可以基于这些模板新建页面，从而提高工作效率。

（3）方法能力：学生能够利用模板设计统一的页面布局，基于模板快速创建文档，并通过模板实现一次更新多个页面的便捷操作。

学习目标

（1）知识目标：了解模板区域的类型，掌握模板中的链接、服务器脚本以及基于模板的文档中的相关内容。

（2）技能目标：在"设计"视图中识别模板；掌握在 Dreamweaver 2021 中创建模板的方法；学会在模板中创建可编辑区域、重复区域和表格；熟练使用可选区域；能够编辑、更新和删除模板；掌握在现有文档中应用或删除模板的方法；学会在模板中编辑内容。

（3）素质目标：能够准确高效地创建模板，并在模板中熟练地创建可编辑区域、重复区域等，以提升网页设计的效率和质量。

教学建议

1. 教师活动

（1）教师讲解模板的概念，并展示课前精心准备的模板应用案例及相关素材，以使学生对模板有一个初步的认识。

（2）教师操作示范，运用相关素材创建和应用模板。具体步骤包括：在 Dreamweaver 2021 中创建模板，在模板内设定可编辑区域，创建重复区域和表格，巧妙使用可选区域，以及编辑、更新和删除模板。此外，展示如何在现有文档中应用或删除模板，以及在模板中直接编辑内容的方法。

（3）引导学生深入分析模板的制作方法及流程，并鼓励他们将这些知识应用到自己的练习作品中。

2. 学生活动

（1）认真观察并学习教师示范的创建和应用模板的方法，随后在教师的指导下进行课堂练习。

（2）积极展示自己的课堂练习作业，并参与作业的分析与讨论，以期通过实践提高实训能力。

一、学习问题导入

什么是 Dreamweaver 模板？模板是一种特殊类型的文档，专门用于设计"固定"的页面布局。一旦创建了模板，用户就可以基于该模板来创建文档，这些文档会继承模板的页面布局。

在设计模板时，用户可以指定哪些区域是可以编辑的，这些区域包括多种类型。当使用模板时，用户只能在指定的可编辑区域上进行内容编辑。模板的一个显著优势在于，它可以实现一次更新多个页面的功能。只要从模板创建的文档仍然与该模板保持链接状态，那么当用户修改模板并立即更新时，所有基于该模板创建的文档中的设计都会相应更新。例如，如果用户计划搭建一个中国古典文学网站，并为每位文人及其作品分别创建页面，那么用户可以为某位文人创建一个模板，之后该文人的每首诗作的页面都只需基于这个模板来创建。

二、学习任务讲解与技能实训

1. 创建模板

使用 Dreamweaver 2021 创建一个模板，在其中设置可编辑区域，并通过"资源"面板，将制作好的模板应用到一个新的网页中。

（1）利用现成网页创建模板。

①在 Dreamweaver 2021 中打开页面"index.html"，如图 5-7 所示。

②单击菜单栏中的"文件"→"另存为模板"，弹出"另存模板"对话框。在对话框中设置保存的位置（默认当前站点）和另存为模板的名称，单击"保存"按钮，弹出"要更新链接吗？"对话框，单击"是"按钮，Dreamweaver 2021 会自动更新链接，并将文件另存为模板文件，如图 5-8 所示。

图 5-7 打开页面

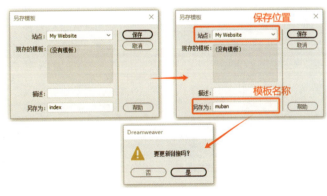

图 5-8 另存为模板文件

③单击菜单栏中的"窗口"→"文件"，弹出"文件"面板，可以看到刚刚创建的模板文件，如图 5-9 所示。

注意：Dreamweaver 2021 会自动将模板文件保存在站点目录下的"Templates"文件夹中，其扩展名为".dwt"；如果站点下没有"Templates"文件夹，在保存模板文件时会自动创建该文件夹。

（2）创建可编辑区域。

所有新创建的模板，都默认锁定全部区域。我们需要在模板中定义一些可编辑区域，使得在网页中应用模板后可以对其进行编辑。

①打开模板页,选中"菜单栏"下面的区域,然后单击菜单栏中的"插入"→"模板"→"可编辑区域",打开"新建可编辑区域"对话框,如图 5-10 所示。

图 5-9 模板文件路径

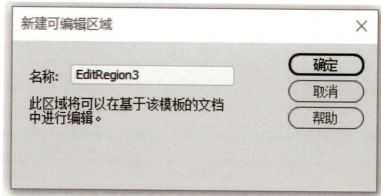

图 5-10 新建可编辑区域

②在"新建可编辑区域"对话框中设置可编辑区域的名称为"poem"后,单击"确定"按钮,即可将选择的区域设置为可编辑区域,如图 5-11 所示。

③如果需要设置多个可编辑区域,可以按照同样的方法进行创建。最后单击菜单栏中的"文件"→"保存",保存完成设置的模板,如图 5-12 所示。

图 5-11 命名可编辑区域

图 5-12 模板页面

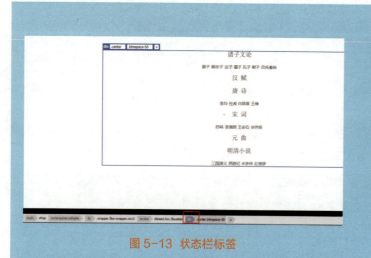

图 5-13 状态栏标签

使用技巧 1:

在创建可编辑区域的时候,如果在模板中难以准确地选中对象,可以将光标放置于模板的任意位置,然后在 Dreamweaver 2021 的状态栏上选择对应标签,即可轻易地选中目标对象。例如本示例中,可以将光标置于正文中,然后在状态栏上选择 <div> 标签,即可选中想要选择的区域,如图 5-13 所示。

（3）创建重复区域。

重复区域是基于模板的页面中可以复制任意次数的部分。使用重复区域，可以通过重复特定项目来控制页面布局，如目录项、说明布局或数据行的重复（如项目列表）。创建重复区域的操作必须在可编辑区域内进行，否则将无法创建重复区域。

①打开模板页，选中"菜单栏"下面的区域，然后单击菜单栏中的"插入"→"模板"→"可编辑区域"，打开"新建可编辑区域"对话框，如图5-10所示。

②在页面中选择想要设置为重复区域的内容。

③单击菜单栏中的"插入"→"模板"→"重复区域"。

④在"属性"面板的"名称"文本框中，为模板区域设置一个唯一的名称（注意，不能为一个模板中的多个重复区域设置相同的名称），如图5-14所示。

⑤单击"确定"按钮，此时重复区域将被插入模板中。

（4）创建可选区域。

用户可以设置可选区域，这些区域是基于模板的文档中可以根据条件显示或隐藏的部分。当想要在文档中根据特定条件显示内容时，可以使用可选区域。

在插入可选区域后，用户可以根据自定义的条件，在基于模板创建的文档中编辑参数，并控制该可选区域的显示与否。

①在页面中定位到要插入可选区域的位置。

②单击菜单栏中的"插入"→"模板"→"可选区域"，或者在"插入"面板的下拉框中选择"模板"，然后在弹出的菜单中选择"可选区域"选项。

③输入可选区域的名称。如果需要设置可选区域的值或进行其他高级设置，可以选择"高级"选项卡，完成设置后点击"确定"按钮，如图5-15所示。

图5-14 新建重复区域

图5-15 新建可选区域

（5）打开并编辑模板文件。

①单击菜单栏中的"窗口"→"资源"，打开"资源"面板。在面板左侧选择"模板"图标，此时右侧将列出站点中可用的所有模板，并显示选定模板的预览图。

②在可用模板列表中，可以执行以下任一操作来编辑模板：

a. 右键单击要编辑的模板，然后从弹出的菜单中选择"编辑"。

b. 双击想要编辑的模板名称。

c. 选择要编辑的模板后，单击"资源"面板底部的"编辑"按钮。

③保存对该模板的修改。Dreamweaver 2021会提示用户是否要更新基于该模板的文档。

④用户可以单击"更新"按钮,以更新所有基于模板的文档;或者单击"不更新"按钮,选择不更新这些文档。

2. 应用模板

在创建好模板之后,我们就可以在网页中应用这个模板了。应用了模板的网页允许在可编辑区域内进行文档的编辑和修改操作,而锁定区域则无法进行编辑。应用模板的具体操作步骤如下:

(1)创建一个网页,标题为"libai",如图 5-16 所示。

(2)单击菜单栏中的"窗口"→"资源",以打开"资源"面板。在面板的左侧,单击"模板"按钮,进入模板分类。在这里,用户可以看到刚才创建的模板,如图 5-17 所示。

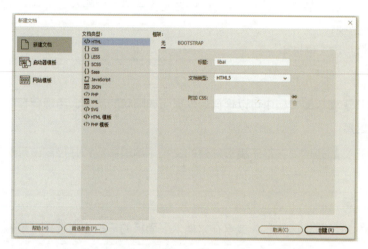

图 5-16 新建文档

图 5-17 "资源"面板

使用技巧 2:

"资源"面板中关于"模板"的各项功能参数介绍如下。

模板预览栏:在栏中显示选中的模板内容,可以对选中的模板进行预览。

模板栏:在栏中显示站点中所有的模板文件。

应用 应用 :选中模板文件后,单击该按钮即可在文档中应用模板。

刷新站点列表 :刷新站点中的模板文件。

新建模板 :在模板栏中直接新建一个空白模板文件。

编辑 :对选中的模板进行编辑。

删除 :删除选中的模板文件。

(3)选择模板"muban",单击面板中的"应用"按钮,此时网页会应用所选的模板,如图 5-18 所示。

(4)在"可编辑区域"中编辑内容,达到需要的效果后,执行保存操作,即可完成新网页的制作,按 F12 键可在浏览器中预览网页效果,如图 5-19 所示。

3. 更新模板

(1)打开"资源"面板,单击左侧模板按钮,显示"模板"资源。选中要修改的模板后右击鼠标,选择"编辑"选项(或双击该模板),如图 5-20 所示。

（2）根据需要，可以在模板上继续创建新的可编辑区域，或者删除已有的可编辑区域，甚至可以在模板的任意位置进行修改。

（3）模板修改完成后，单击菜单栏中的"文件"→"保存"来保存模板。当更新模板文件时，Dreamweaver 2021 会询问"要基于此模板更新所有文件吗？"，点击"更新"按钮后，会弹出"更新页面"对话框，此时与模板相关联的页面将会进行更新，如图 5-21 和图 5-22 所示。

图 5-18 选择并应用模板

图 5-19 预览网页效果

图 5-20 "资源－模板"面板

图 5-21 更新模板文件

图 5-22 更新页面

三、学习任务小结

本次学习任务主要是创建和应用模板。首先，我们需要了解什么是模板，以及在什么情况下设计模板最为合适，还要学会如何基于模板新建页面等。通过一系列练习，同学们已经初步掌握了模板的使用方法。在后期的网站设计中，同学们应多加思考、多加练习，进一步掌握模板的应用。

四、课后作业

请同学们为自己的网站设计并创建合适的模板，并将其应用到其他相关页面上。

使用行为

教学目标

（1）专业能力：使学生熟悉 Dreamweaver 行为的概念，掌握行为的使用方法。

（2）社会能力：学生能够通过应用行为，增强网页的互动性。

（3）方法能力：学生能够运用 Dreamweaver 行为，实现网页的动态效果。

学习目标

（1）知识目标：认识行为的基本操作界面和功能，掌握行为的使用方法。

（2）技能目标：能够熟练使用 Dreamweaver 行为，包括弹出消息行为、打开浏览器窗口行为、设置状态栏文本行为、设置文本域文字行为以及交换图像行为等。

（3）素质目标：理解 Dreamweaver 行为实际上是将 JavaScript 代码嵌入文档中，当访问网页时执行这些代码。

教学建议

1. 教师活动

（1）教师需要讲解什么是行为、事件和动作，以便让学生对行为有初步的认识。

（2）教师进行行为使用的示范，包括弹出消息行为的应用、打开浏览器窗口行为的应用、设置状态栏文本行为的应用、设置文本域文字行为的应用以及交换图像行为的应用。

2. 学生活动

（1）学生观看教师的行为使用示范，并在课堂实训中进行练习。

（2）学生展示课堂实训作业，并进行分析。

一、学习问题导入

什么是 Dreamweaver 行为？行为（behaviors）是响应某一事件（event）而执行的一个动作（action），它由事件和动作两部分构成。行为是 Dreamweaver 中最具特色的功能之一，其实质是在网页中调用 JavaScript 代码，以实现网页的动态效果。通过使用 Dreamweaver 2021 的行为功能，可以自动生成 JavaScript 代码，有些功能原本需要编写几十行甚至几百行代码，但现在不需要人工编写即可实现。

二、学习任务讲解与技能实训

1. 认识"行为"面板

启动 Dreamweaver 2021，单击菜单栏中的"窗口"→"行为"（或者按下 Shift 键和 F4 键），打开"行为"面板，如图 5-23 所示。

"行为"面板功能如表 5-1 所示。

表 5-1 "行为"面板功能表

序号	按钮	功能描述	功能说明
1	▦	显示设置事件	只显示附加到当前文档的事件
2	≡	显示所有事件	按字母顺序显示属于特定类别的所有事件
3	+	添加行为	这是一个弹出式菜单，其中包含可以附加到当前所选元素（前提）的多个动作
4	−	删除事件	从行为列表中删除所选的事件和动作
5	▲	增加事件值	上下箭头按钮将特定事件的所选动作在行为列表中向上或向下移动（改变行为动作的执行顺序）
	▼	降低事件值	

图 5-23 "行为"面板

（1）切换面板视图（显示设置事件和显示所有事件切换）。

方法：在"行为"面板中单击"显示设置事件"按钮，即可显示当前文档的事件；在"行为"面板中单击"显示设置事件"按钮，即可显示属于特定类别的所有事件，如图 5-24 所示。

（2）添加行为。

方法：选中想添加行为的网页元素，在"行为"面板上单击"+"添加一个行为。

从列表中选择相应的动作，甚至可以按引导输入动作的具体参数。

图 5-24 切换面板视图

可以将动作附加到整个文档（即 <body>，在文档窗口底部左侧的标签选择器中单击 <body> 标签），还可以附加到图像、链接、表单元素或其他 HTML 元素中的任何一种，如图 5-25 所示。

主要"行为"如表 5-2 所示。

表 5-2 行为表

序号	功能描述	功能说明
1	交换图像	使一幅或多幅图像变换为其他图像，常用于光标经过图像时显示不同的图像
2	弹出消息	可以打开一个消息对话框，用来显示一些特殊信息
3	打开浏览器窗口	可以打开一个新的浏览器窗口显示指定的文档，并且可以指定新窗口的属性，如宽度、高度、是否显示菜单条和名称等
4	改变属性	动态更改对象的某些属性，如层、图像、表单及其元素的属性
5	显示—隐藏元素	控制元素的显示和隐藏
6	检查插件	可以检测访问者的浏览器是否已安装浏览网页所必需的插件
7	检查表单	检查网页中的表单是否合法
8	拖动 AP 元素	允许浏览者拖动层到页面的任何位置，或者设定一个目标位置，当用户将层拖动到目标位置时，就能将层定位到目标位置
9	设置文本	在特定的地方显示文字
10	调用 JavaScript	调用网页中包含的 JavaScript 程序
11	跳转菜单	插入跳转导航菜单
12	跳转菜单开始	控制导航菜单跳转到某个页面
13	转到 URL	允许用户跳转到指定的网页地址
14	预先载入图像	在网页装载前预先载入图像

图 5-25 添加行为

（3）删除事件。

方法：在"行为"面板的行为列表中选择欲删除的行为，单击"－"。

（4）调整行为顺序。

当同一个对象（网页元素）对应多个不同的行为时，可以调整其响应顺序。

方法：在页面中选中对象，在"行为"面板的多个行为列表中选择欲调整顺序的行为，单击"▲"或者"▼"调整顺序。

2. 设置事件

在 Dreamweaver 中添加某个行为时，系统会自动创建一个默认事件。然而，有时这个默认事件并不符合用户的需求。例如，当添加"弹出消息"行为时，默认事件是 onLoad，即网页加载时会弹出消息窗口。如果用户希望在单击网页后弹出消息窗口，就必须将事件更改为 onClick。

方法：单击行为列表中选中事件名称旁边的下拉箭头，从弹出的列表中选择需要的事件，如图 5-26 所示。

注意：事件与当前选中的对象（网页元素）是相关联的，因此事件下拉列表中的内容会随着所选对象（网页元素）的不同而发生变化。

常见行为的触发事件及其含义如表 5-3 所示。

表 5-3 常见行为的触发事件及其含义

序号	事件	含义
1	onClick	在对象上单击时触发
2	onDblClick	在对象上双击时触发
3	onKeyDown	按下任意键时触发
4	onKeyPress	按下和松开任意键时触发
5	onKeyUp	按下的任意键松开时触发
6	onLoad	指定对象装入内存时触发，通常用于 Body
7	onMouseDown	按下鼠标键时触发
8	onMouseOut	鼠标指针从对象上移走时触发
9	onMouseOver	鼠标指针移动到对象上时触发
10	onMouseUp	鼠标按键抬起时触发
11	onUnload	卸载指定对象（关闭）时触发

图 5-26 设置事件

3．技能实训

（1）实例：弹出消息。

使用"弹出信息"行为命令，可以在用户浏览网页时触发事件，从而弹出一个信息提示窗口。该窗口通常用于显示欢迎文字或向用户提供提示信息。

本实例主要包含以下操作步骤：

①在"行为"面板中，单击"添加行为"按钮，并从弹出的菜单中选择"弹出信息"命令。

②在打开的"弹出信息"对话框中，设置要显示的提示内容。

③在"行为"面板中，选择已创建的行为，并在其中调整行为的触发事件，如图 5-27 所示。

④保存文件，按下"F12"键，在浏览器中预览效果，如图 5-28 所示。

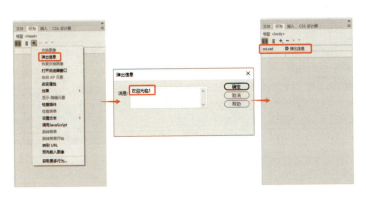

图 5-27 弹出消息 1

图 5-28 弹出消息 2

（2）实例：打开浏览器窗口。

使用"打开浏览器窗口"行为命令，可以在用户浏览网页时触发事件，从而打开一个新的浏览器窗口。该命令通常用于显示通知消息的内容。

本实例主要包含以下操作步骤：

①在"行为"面板中，单击"添加行为"按钮，并从弹出的菜单中选择"打开浏览器窗口"命令。

②在打开的"打开浏览器窗口"对话框中，设置要显示的 URL 地址，然后单击"确定"按钮。

③在"行为"面板中，选择已创建的行为，并在其中调整行为的触发事件，如图 5-29 所示。

④保存文件，按下"F12"键在浏览器中预览效果，如图 5-30 所示。

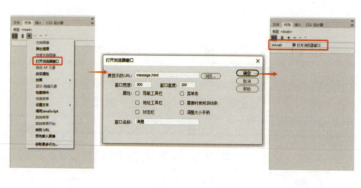

图 5-29 添加"打开浏览器窗口"行为　　　图 5-30 打开浏览器窗口

（3）实例：设置状态栏文本。

当浏览器加载一个页面时，其状态栏上若不显示任何内容，会显得较为单调。为了增加一些个性化元素，用户可以通过添加行为来设置状态栏文本。

本实例主要包含以下操作步骤：

①在"行为"面板中，单击"添加行为"按钮，并在弹出的菜单中选择"设置文本"下的"设置状态栏文本"命令。

②在打开的"设置状态栏文本"对话框中，输入要显示的消息内容，然后单击"确定"按钮。

③在"行为"面板中，将该行为的触发事件设置为 onLoad，如图 5-31 所示。

④保存文件，按下"F12"键在浏览器中预览效果，如图 5-32 所示。

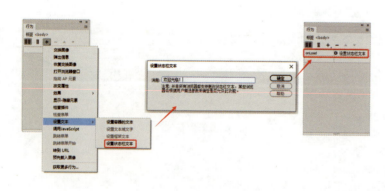

图 5-31 添加"设置状态栏文本"行为　　　图 5-32 状态栏文本

（4）实例：设置文本域文字。

文本域通常是表单中的一个元素。为文本字段设置名称时，该名称在网页中应该是唯一的。创建文本域的步骤包括选择文档，并依次单击菜单栏中的"插入"→"表单"来插入一个表单，然后单击菜单栏中的"插入"→"表单对象"→"文本域"来插入文本域。

本实例主要包含以下操作步骤：

①在网页中选中要操作的文本域，然后在"行为"面板中单击"添加行为"按钮。在弹出的菜单中，选择"设置文本"下的"设置文本域文字"命令。

②在打开的"设置文本域文字"对话框中，输入要显示在文本域中的文本内容，然后单击"确定"按钮。

③在"行为"面板中，将该行为的触发事件设置为 onMouseOver，如图 5-33 所示。

④保存文件，按下"F12"键在浏览器中预览效果，如图 5-34 所示。

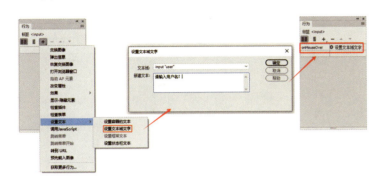
图 5-33 添加"设置文本域文字"行为

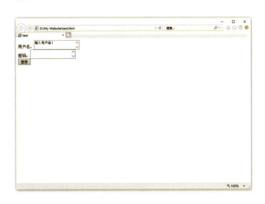
图 5-34 文本域文字

（5）实例：创建图像交换功能。

图像交换功能是指将一幅图像与另一幅图像进行互换。当用户将光标悬停在页面上的图像上方时，该图像会替换为另一幅图像。

本实例主要包含以下操作步骤：

①在文档中选择要插入图像的位置，单击菜单栏中的"插入"→"图像"，插入图像"libai.jpg"作为原始图像，如图 5-35 所示。

②选中插入的图像，在"行为"面板中单击"添加行为"按钮，在弹出的菜单中选择"交换图像"命令，打开"交换图像"对话框，如图 5-36 所示。

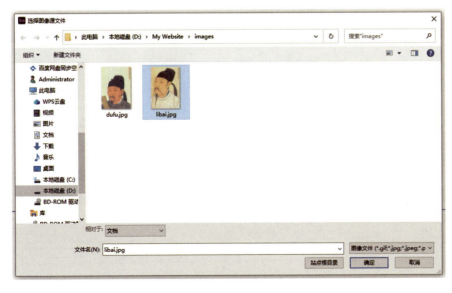
图 5-35 选择原始图像

图 5-36 交换图像命令

③在打开的"交换图像"对话框中单击"浏览"按钮,打开"选择图像源文件"对话框,选择交换后图像文件"dufu.jpg",单击"确定"按钮,即可看到"行为"面板中已经添加了交换图像行为,如图 5-37 所示。

④保存文件,按下"F12"键在浏览器中预览效果,预览中鼠标指针经过图像上方时,可以看到图像发生变化,如图 5-38 所示。

图 5-37 选择交换后图像

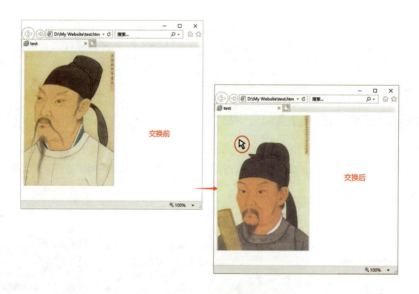

图 5-38 交换图像效果

三、学习任务小结

本次学习任务主要聚焦于使用行为的方法和步骤。通过一系列的案例练习,同学们能够熟练掌握行为的应用。在"行为"面板中,首先需要指定一个动作,接着设定触发该动作的事件,从而将该行为添加到页面中。今后,同学们还需多加练习以巩固所学。

四、课后作业

请同学们为自己的网站应用相关行为。

项目六
实现动态网页效果

学习任务一　初识 PHP
学习任务二　搭建 PHP 程序的运行环境

学习任务一 初识 PHP

教学目标

（1）专业能力：学生能够转述 PHP 的基本定义、特点及其发展历史；能够详细描述 PHP 在 Web 开发中的优势与劣势；能指出 PHP 在哪些领域和类型的网站开发中具有优势。

（2）社会能力：在小组学习和项目实践中，学生能够积极参与讨论，分享学习心得，并与团队成员协作完成任务；面对学习过程中的新知识和挑战，学生能够保持积极态度，灵活调整学习方法和策略，以适应学习环境的变化。

（3）方法能力：培养学生的团队协作能力和项目管理能力，使他们能在团队中合理运用 PHP 进行项目开发；同时，提升学生的自学能力，鼓励学生持续关注 PHP 的发展动态，学习并掌握新技术。

学习目标

（1）知识目标：能够阐述 PHP 作为一种开源脚本语言的基本概念与特点，以及 PHP 的历史发展脉络和各主要版本的特点；能够认识到技术发展的迅速性，保持对新技术和新知识的敏感度和好奇心，不断学习和更新自己的技能。

（2）技能目标：能够明确表述 PHP 在哪些领域和类型的网站开发中具备优势。

（3）素质目标：培养自主学习能力，勤加练习，做到举一反三，灵活应用所学知识。

教学建议

1. 教师活动

（1）教师通过讲解 PHP 的基本概念、特点以及历史发展脉络，引导学生将 PHP 与其他技术栈结合使用，以拓展他们的技术视野和应用范围。

（2）教师将思政教育融入课堂教学，通过收集并展示 PHP 在电子商务、社交媒体、内容管理系统等领域的具体应用案例，引导学生发掘中华传统文化内容，分析 PHP 在 Web 服务和数据管理系统开发中的基本方法。同时，鼓励学生积极参与开源项目，学习他人的经验，以不断提升自己的技能水平。

2. 学生活动

（1）学生认真聆听教师关于 PHP 基本概念、特点以及历史发展的讲解。

（2）学生在教师的指导下观看实例示范，并进行实训操作。

一、学习问题导入

某品牌企业委托一家信息科技公司为其开发一项基于 PHP 技术的门户网站，旨在用于企业形象宣传，提供企业介绍、新闻发布、文化宣传、产品展示、留言咨询等服务。该门户网站还具备强大的后台管理功能，如分配管理权限、上传文件、发布文章等。PHP 标志如图 6-1 所示。

图 6-1 PHP 标志图

二、学习任务讲解与技能实训

1. 简述 PHP

（1）定义。

PHP 是一种广泛使用的开源脚本语言，它可以嵌入 HTML 中，在服务器端执行，并与数据库进行交互，从而生成动态的网页内容，如图 6-2 所示。

```
<!DOCTYPE html>
<html>
<head>
<title> 简单的 PHP 页面 </title>
</head>
<body>

<?php
// PHP 代码开始
echo "<h2> 欢迎来到我的 PHP 页面！ </h2>";
// PHP 代码结束
?>

<p> 这是一个简单的 PHP 页面示例。</p>

</body>
</html>
```

图 6-2 PHP 代码

（2）特点。

易于学习和使用：PHP 的语法融合了 C 语言、Java 和 Perl 的特点，易于学习和掌握。

跨平台兼容性：PHP 能够在多种操作系统上运行，包括 Windows、Linux、MacOS 等，并且与绝大多数的 Web 服务器和数据库系统都具有良好的兼容性。

丰富的扩展库：PHP 拥有一个庞大的开发者社区，提供了丰富的第三方库支持，涵盖多种数据库（如 MySQL、Oracle、SQLite 等）以及多种功能扩展。

高效执行：PHP 在处理动态网页时具有较高的执行效率，它能够将程序嵌入 HTML 中执行，相比完全生成 HTML 标记的 CGI 程序，PHP 的执行效率更为出色。

（3）发展历程。

PHP（Hypertext Preprocessor）由 Rasmus Lerdorf 于 1994 年创建，以下是 PHP 创建以来的主要发展历程概述。

①早期阶段。

1994 年：PHP 最初仅是一个简单的 Perl 脚本，用于统计 Lerdorf 个人网站的访问量。

1995 年：Lerdorf 使用 C 语言对该程序进行了重写，并增添了数据库访问功能。同年，他发布了 PHP 的首个版本，即 PHP/FI（Personal Home Page/Forms Interpreter），并附上了相关文档。

②逐步发展阶段。

1997 年：Andi Gutmans 与 Zeev Suraski 对 PHP/FI 2.0 进行了全面重写，引入了面向对象编程、更为强大的语法结构等新特性。此版本被正式命名为 PHP 3，成为与现代 PHP 极为相似的首个版本。

2000 年：PHP 4 版本问世，正式支持面向对象编程，提升了性能和稳定性，以及对多种平台和操作系统的兼容性。此外，该版本还引入了 HTTP Session、输出缓冲等新的语言结构。

③成熟阶段。

2004 年：PHP 5 版本发布，该版本由 Zend Engine 2.0 核心驱动，引入了新的对象模型以及数十项新功能。PHP 5.0 显著增强了面向对象编程的能力，并加入了异常处理、魔术方法和命名空间等特性。

2008 年：PHP 5 系列成为 PHP 官方唯一维护的稳定版本，这标志着 PHP 在稳定性和功能完善性方面取得了显著进步。

2013 年：PHP 5.5 版本发布，该版本包含了大量新功能和 bug 修复，进一步提升了 PHP 的性能和可用性。

2014 年：PHP 5.6 版本发布，引入了可变函数参数、常量数组、常量表达式等新特性，并对性能和安全性进行了全面改进。

④现代阶段。

2015 年：PHP 7 版本发布，这是 PHP 发展历程中的一个重要里程碑。PHP 7 引入了全新的 Zend Engine 3.0，提供了前所未有的性能和可扩展性。此外，该版本还支持标量类型声明、返回类型声明、匿名类等特性。

2020 年：PHP 8 版本发布，带来了更多创新特性和优化性能，包括命名参数、联合类型、属性（替代了之前的注解）、构造器属性提升、match 表达式、nullsafe 运算符、即时编译（JIT）等。同时，PHP 8 还改进了类型系统、错误处理和语法一致性。

2024 年：截至 2024 年底，PHP 的最新版本为 PHP 8.4，该版本引入了属性钩子、JIT 编译器改进和链式调用方法优化等新特性。

PHP 的发展历程表明，它一直在不断地演进和改进，以适应现代 Web 开发的需求。图 6-3 所示为现阶段的 PHP 8。

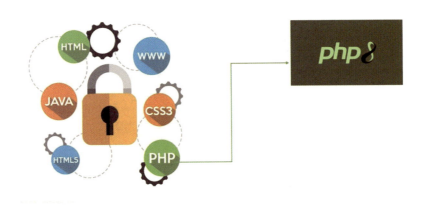

图 6-3 现阶段的 PHP 8

（4）应用领域。

PHP 在 Web 开发领域具有广泛的应用，具体涵盖以下几个方面。

①网站开发：PHP 能够用于构建多种类型的网站，包括个人博客、企业官网、电子商务网站等。它提供了强大的数据库操作接口，便于连接和操作各类关系型数据库，可轻松实现用户注册登录、商品信息管理、订单处理等功能。

②内容管理系统（CMS）：众多知名的 CMS，例如 WordPress、Drupal 和 Joomla，均是基于 PHP 开发的。这些 CMS 配备了丰富的功能和模块，助力用户迅速搭建并管理自己的网站。

③社交媒体平台：PHP 在社交媒体平台的开发中同样占据重要地位，例如 Facebook、Twitter（注：虽然 Twitter 的后端技术栈并非完全基于 PHP，但 PHP 在社交媒体开发中仍有广泛应用，此处为示例性表述）等。借助 PHP，开发者能够轻松实现用户注册登录、内容发布、评论互动等功能，使平台具备出色的交互性和可扩展性。

④电子商务应用：PHP 提供了丰富的库和工具集，便于实现购物车功能、支付接口集成、订单管理等电子商务核心功能，助力企业打造功能强大的电子商务平台。

⑤服务器端脚本：除了 Web 开发，PHP 还可用于编写服务器端脚本，以执行系统管理任务，例如文件上传、数据备份、定时任务执行等。

（5）未来展望。

随着 Web 技术的持续进步与创新，PHP 也在不断进化与完善。展望未来，PHP 将继续在 Web 开发领域占据核心地位，并有望向更多新兴领域拓展其应用范围。同时，云计算、大数据、人工智能等技术的蓬勃发展，为 PHP 带来了新的挑战与前所未有的机遇。因此，对于 PHP 开发者而言，不断学习并掌握新技术、新技能，是确保个人职业持续发展的关键所在。

综上所述，PHP 作为一种功能全面且应用广泛的开源脚本语言，在 Web 开发领域扮演着举足轻重的角色。其易于学习、跨平台兼容以及拥有丰富的扩展库等优势，使得它深受众多开发者的青睐，成为他们首选的编程语言之一。

2.PHP 的优点和缺点

（1）PHP 的优点。

①易于学习和使用。

PHP 的语法简洁明了，与 C 语言有相似之处，但又更加精简灵活，这使得初学者能够迅速掌握。此外，丰富的在线资源和活跃的社区支持为学习者提供了极大的便利，确保学习者在开发过程中遇到的任何问题都能得到及时解决。

②开源与跨平台兼容性。

PHP 作为一种开源软件，用户可以免费获取、使用和修改。它支持多种操作系统，如 Windows、Linux 和 MacOS，以及多种 Web 服务器，包括 Apache、Nginx 和 IIS 等。这种广泛的兼容性使得 PHP 应用程序能够轻松地在不同的环境中部署和运行。

③丰富的扩展与框架资源。

PHP 拥有庞大的扩展库和众多流行的框架，如 Laravel、Symfony 和 CodeIgniter 等。这些框架不仅功能全面、文档详尽，还提供了数据库交互、模板引擎、安全性等方面的强大支持，极大地简化了开发流程。

④强大的数据库交互能力。

PHP 与多种数据库系统（如 MySQL、Oracle、PostgreSQL 等）紧密集成，提供了丰富的数据库操作函数和接口。这使得开发人员能够轻松地进行数据查询、插入、更新和删除等操作。

⑤高效的运行性能。

PHP 在运行时会被自动编译成二进制代码，从而具有较高的执行效率。同时，PHP 具备出色的内存管理机制，能够高效地处理大量并发请求。

⑥支持面向对象编程。

PHP 全面支持面向对象编程（OOP），这有助于开发者更好地组织和管理代码，提高代码的可重用性和可维护性。通过类和对象的使用，开发者可以构建出结构更加清晰、功能更加复杂的应用程序。

（2）PHP 的缺点。

①灵活性与类型松散性。

PHP 作为一种弱类型语言，允许变量的类型在运行时随意变化，这种灵活性虽然带来了编程上的便捷，但也可能导致代码难以维护和调试，增加了出错的风险。

②安全性挑战。

PHP 存在一些潜在的安全漏洞，需要开发人员具备足够的安全意识并采取相应措施进行防范。特别是在处理用户输入等敏感信息时，必须格外谨慎，以防止安全问题的发生。

③性能与扩展性瓶颈。

虽然 PHP 在处理标准 Web 任务时表现出色，但在处理大型或复杂任务时，其性能可能会受到限制。特别是在多线程和并发处理方面，PHP 的能力相对较弱，这可能会成为一些高性能应用场景的瓶颈。

④错误处理机制待完善。

PHP 的错误处理机制相对不够强大，对于初学者来说，调试和解决代码中的错误可能会更加困难。因此，开发人员需要更加细致地检查代码，以确保其正确性和稳定性。

⑤函数命名不一致。

PHP 的函数命名存在不一致性，如驼峰命名法和下划线命名法的混用等。这种不一致性可能会增加代码的阅读和维护难度，降低代码的可读性和可维护性。

⑥单线程模型限制。

PHP 本身是一个单线程的程序，这限制了它在处理高并发请求时的能力。在高并发场景下，PHP 可能需要借助其他技术或工具来实现负载均衡和并发处理。

⑦标准库功能不足。

PHP 的标准库虽然提供了许多常用的功能，但在一些特定领域（如日期和时间处理、邮件发送等）可能不够完善。因此，开发人员可能需要借助第三方库来补充这些功能，以满足应用程序的需求。

综上所述，PHP 作为一种广泛应用于 Web 开发的脚本语言，具有许多优点，但同时也存在一些缺点。开发人员在使用 PHP 进行开发时，需要充分了解其特点，并采取相应的措施来克服其缺点，以提高开发效率和应用程序的质量。

（3）PHP 适合开发的网站类型。

PHP 由于其强大的功能、灵活性和易用性，适合开发多种类型的网站。无论是动态网站、电子商务网站、社交媒体网站还是其他类型的网站，PHP 都能提供强大的支持。以下是 PHP 适合开发的几类主要网站：

①动态网站。

博客网站：PHP 提供了丰富的数据库连接和操作功能，使得博客文章的发布、管理、用户注册、登录以及评论等功能的实现变得轻而易举。许多广受欢迎的博客平台，如 WordPress，就是采用 PHP 开发的。

论坛网站：PHP 非常适合用于开发论坛网站，因为它提供了强大的字符串处理和表单处理功能，能够方便地实现用户注册、帖子发布、回复、权限控制等一系列功能。例如，phpBB 和 vBulletin 等知名的论坛软件都是用 PHP 编写的。

②电子商务网站。

PHP 在电子商务领域的应用十分广泛。借助 PHP 的数据库操作功能和支付网关接口，我们可以轻松地实现商品展示、购物车、订单处理以及支付处理等核心功能。许多流行的电子商务平台，如 Magento 和 WooCommerce，都是基于 PHP 开发的。

③社交媒体网站。

PHP 也常被用于开发社交媒体网站，例如微博、QQ 空间等。它提供了丰富的图片和文字处理功能，能够支持用户上传头像、发布动态、关注好友以及进行评论互动等操作。

④内容管理系统（CMS）。

PHP 是开发 CMS 的热门选择之一。CMS 允许用户轻松地创建、管理和发布网站内容。WordPress、Joomla 和 Drupal 等知名的 CMS 系统都是用 PHP 编写的，它们提供了强大的功能和灵活的配置选项。

⑤在线学习网站。

PHP 同样适用于开发在线学习网站。通过利用 PHP 的数据库操作和用户管理功能，我们可以实现用户注册、登录、学习进度跟踪、在线测试以及课程管理等一系列功能。例如，Moodle 和 edX 等在线教育平台就是使用 PHP 开发的。

⑥新闻和媒体网站。

PHP 在新闻和媒体网站的开发中也有广泛应用。它提供了便捷的文件和数据库操作功能，使得新闻文章的发布、编辑、查询、分类以及评论等功能的实现变得简单而高效。这使得新闻网站能够实时更新和管理其内容。

⑦企业网站和门户网站。

PHP 还非常适合用于开发企业网站和门户网站。这些网站通常需要展示企业形象、发布企业信息以及提供在线留言等功能。PHP 的灵活性和强大的数据处理能力使得它能够满足这些多样化的需求。

⑧ Web 服务和数据管理系统。

除了上述类型的网站外，PHP 还可以用于开发 Web 服务和数据管理系统。例如，它可以与数据库系统集成，用于开发企业资源规划（ERP）系统、客户关系管理（CRM）系统等。此外，PHP 还可以创建提供 API 接口的 Web 服务，供其他应用程序进行调用和集成。

三、学习任务小结

在本次课程中，我们深入剖析了 PHP 这一功能强大且应用广泛的开源脚本语言。PHP 凭借其简洁易学的语法、卓越的跨平台兼容性、丰富的扩展库以及强大的数据库支持，在 Web 开发领域中独树一帜。通过实例代码的演示，我们直观地展示了 PHP 如何与 HTML 紧密结合，动态生成网页内容。同时，我们回顾了 PHP 诞生以来的发展历程，从最初简单的统计工具到如今功能全面的编程语言，PHP 的每一次迭代都带来了性能的提升和新特性的加入。PHP 的发展历程不仅彰显了 PHP 技术的持续进步，也映射出 Web 开发领域对动态、交互性内容需求的日益增长。

在探讨 PHP 优势的同时，我们也正视了其存在的短板，如类型松散性、潜在的安全性问题以及性能与扩展性方面的限制。这些缺点提醒我们，在使用 PHP 进行开发时，必须采取针对性的措施来应对这些挑战，以确保开发效率及应用程序的质量。最后，我们归纳总结了 PHP 所适用的多种网站类型，涵盖动态网站、电子商务网站、社交媒体平台、内容管理系统、在线学习网站、新闻和媒体网站、企业网站和门户网站，以及 Web 服务和数据管理系统等。这些应用场景充分展示了 PHP 在 Web 开发领域的广泛适用性和强大实力。

通过本次课程的学习，同学们不仅掌握了 PHP 的基本定义、特点及其发展历程，还深刻理解了 PHP 在 Web 开发中的核心价值和独特优势。希望同学们能够持续深耕 PHP 技术，不断挖掘其在现代 Web 开发中的新应用和新潜力。

四、课后作业

作业内容：对比 PHP 与 ASP.NET 的优劣势。

要求：利用网络资源收集资料，可从平台与服务器兼容性、开发效率与速度、性能与扩展性、安全性、数据库支持、开发工具与社区支持等方面进行分析。

搭建 PHP 程序的运行环境

教学目标

（1）专业能力：学生能够熟练掌握 Web 服务器环境的搭建技巧，并熟悉 PHP 解释器的安装与配置流程；同时，能够完成相关辅助工具的安装与配置，并解决安装过程中遇到的常见问题。

（2）社会能力：学生能够测试 Apache 服务器是否安装成功，并验证其能否正确响应 HTTP 请求；在解决问题的过程中，能够培养耐心、细心以及面对挑战时的解决问题能力。

（3）方法能力：着重培养学生的团队协作与项目管理能力，使他们在团队中能够合理运用 PHP 进行项目开发；同时，提升学生的自学能力，鼓励他们持续关注 PHP 的最新发展动态，并积极学习新技术。

学习目标

（1）知识目标：能够理解 Web 服务器、PHP 解释器、数据库在 Web 开发中所扮演的角色以及它们之间的相互关系。

（2）技能目标：能够熟练掌握 Apache、PHP、MySQL 的安装与配置流程。

（3）素质目标：通过自主学习、勤奋练习以及灵活运用所学知识，能够展现出团队协作能力和良好的语言表达能力，从而培养综合职业能力。

教学建议

1. 教师活动

（1）教师通过组织学生亲手安装和配置 Apache、PHP 及 MySQL，并引导学生研读 Apache、PHP、MySQL 的官方文档，使学生理解环境平台搭建的作用及其重要性。

（2）教师为学生提供相关的视频教程链接，尤其是那些步骤明确、讲解详尽的教程，并提供示例代码供学生参考和借鉴。

（3）教师组织小组讨论或问答环节，鼓励学生分享在安装和配置过程中遇到的问题及解决方案。

2. 学生活动

（1）学生专心听取教师关于安装和配置 Apache、PHP、MySQL 的讲解，观看并积极参与实例演示。

（2）在教师的指导下，学生动手进行 Apache、PHP、MySQL 的安装与配置实训。

一、学习问题导入

某品牌企业委托一家信息科技公司为其开发一项采用 PHP 技术构建的门户网站。该门户网站旨在宣传企业形象，提供企业介绍、新闻发布、文化推广、产品展示以及留言咨询等服务，并具备强大的后台管理功能，包括用户权限分配、文件上传、文章发布等。目前，需要搭建一个 PHP 运行环境，以便成功发布该门户网站。

二、学习任务讲解与技能实训

1.Apache 的安装

在 Windows 下安装 Apache 的步骤相对直接，具体如下。

（1）下载 Apache。

步骤一，访问 Apache HTTP Server 的官方网站（https://httpd.apache.org/），其标志如图 6-4 所示。

图 6-4 Apache 标志图

步骤二，选择下载版本。

在官网的下载页面（通常通过点击"Download"按钮进入），选择适合 Windows 系统的版本。Apache 提供了多个版本，包括 32 位和 64 位版本，以及针对不同编译器的版本（如 VS16、VS17 等）。用户可以根据自己的系统类型（32 位或 64 位）和实际需求，选择合适的版本进行下载，如图 6-5 所示。

图 6-5 选择下载版本

步骤三，下载安装包。点击下载链接后，将安装包保存到电脑上。

（2）安装 Apache。

①解压安装包：将下载的 Apache 安装包解压至用户希望安装 Apache 的目录中。例如，可以将其解压至 C:\Apache24（或任何其他不含中文及特殊字符的目录），以避免潜在的路径问题。

②路径确认：确保解压后的路径中不包含中文或特殊字符。

(3)配置 Apache。

①编辑 httpd.conf 文件。

打开 Apache 安装目录下的 conf 文件夹,找到 httpd.conf 文件,并使用文本编辑器(例如记事本)将其打开。

②修改安装路径。

在 httpd.conf 文件中,找到以 Define SRVROOT 开头的行,它定义了 Apache 的安装路径。如果此路径与实际安装路径不符,用户需要将其修改为正确的路径。请注意,在 Apache 配置文件中,路径通常使用正斜杠(/)作为分隔符,而不是 Windows 系统中的反斜杠(\)。

③其他配置调整。

根据用户的需求,还可以修改其他配置,例如端口号(默认为 80)、文档根目录(DocumentRoot)等。

④检查配置文件语法。

在命令行界面(以管理员身份运行)中,导航到 Apache 的 bin 目录,并执行 httpd-t 命令来检查配置文件是否存在语法错误。

(4)安装和启动 Apache。

①安装 Apache。

在命令行界面中,执行 httpd -k install -n "Apache24" 命令以安装 Apache 服务器。在此命令中,"Apache24" 是服务器的名称,用户可以根据自己的需求进行自定义。

②启动 Apache。

服务器安装完成后,用户可以通过 Windows 服务管理器(services.msc)来启动 Apache 服务器。另外,用户也可以以管理员身份在命令行中运行 net start Apache24(或用户自定义的服务名称)来启动服务器。

此外,Apache 的 bin 目录下还提供了一个名为 ApacheMonitor.exe 的文件。通过双击该文件,用户可以启动一个图形用户界面,用于方便地控制 Apache 的启动、停止和重启操作。

(5)访问 Apache。

启动 Apache 服务器后,用户可以在浏览器中通过访问 http://localhost(或者用户设置的服务器地址及端口)来查看 Apache 的默认欢迎页面。如果页面能够正常显示,那么就意味着 Apache 已经成功安装并正在运行。

注意:在进行 Apache 的安装与配置时,请务必确保以管理员身份运行命令行工具,从而避免可能出现的权限问题。如果在安装或配置过程中遇到任何困难,用户可以查阅 Apache 的官方文档,或者在搜索引擎中搜索相关的错误信息以寻找解决方案。此外,为了保障系统的安全性和稳定性,建议用户定期更新 Apache 及其相关的依赖软件包。

2.PHP 解释器的安装

(1)下载 PHP。

①访问 PHP 的官方网站(php.net),如图 6-6 所示。

②在下载页面,用户需要选择与自己的 Windows 系统版本(x86 或 x64)以及 Apache 版本相匹配的 PHP 版本。请务必确保下载的是 "Thread Safe"(线程安全)版本,因为 Apache 在大多数情况下采用 mod_php 模式来运行 PHP,而这要求使用线程安全的 PHP 版本。

③用户应下载标注为 "Thread Safe" 的版本(而非旁边的 ZIP 或 "non-thread-safe" 版本),并将其解压至一个指定目录(例如 C:\php)。

图 6-6 php.net

（2）配置 Apache 以支持 PHP 运行。

①打开 Apache 的配置文件 httpd.conf，该文件通常位于 Apache 安装目录下的 conf 文件夹内。

②在配置文件的末尾或合适的位置，添加以下代码行以加载 PHP 模块。确保所指定的 php7apache2_4.dll（或用户下载的 PHP 版本所对应的 DLL 文件）的路径准确无误。

```apache
LoadModule php_module "c:/php/php7apache2_4.dll"
AddType application/x-httpd-php .php
AddType application/x-httpd-php-source .phps
<IfModule dir_module>
    DirectoryIndex index.php index.html
</IfModule>
 PHPIniDir "c:/php"
```

注意：路径中的 php7apache2_4.dll 可能需要根据用户的 PHP 版本进行调整（例如，如果用户使用的是 PHP 8，则可能是 php8apache2_4.dll）。

③配置 PHP 文件的解析：在 httpd.conf 文件或独立的 .htaccess 文件中，用户可以添加用于解析 .php 文件的指令。然而，鉴于我们之前已通过 AddType 指令完成了相关配置，因此这一步通常被视为可选操作。

④为了配置 PHP 的错误日志和会话保存路径，用户需要找到并取消注释（或根据需要添加）以下代码行。

```apache
php_value error_log "c:/php/error.log"
php_value session.save_path "c:/php/session"
```

确保这些目录存在，或者 Apache 有写入这些目录的权限。

⑤重启 Apache 服务器以使更改生效。

（3）配置 PHP。

①打开 PHP 的配置文件 php.ini，该文件通常位于 PHP 安装目录的根目录下。

②根据用户的应用需求，调整配置文件中的相关设置。例如，用户可以修改 memory_limit、upload_max_filesize、post_max_size 等参数以满足特定的需求。

③确保 extension_dir 指令正确指向包含 PHP 扩展的目录，这个目录通常是 PHP 安装目录下的 ext 文件夹。

④要启用所需的 PHP 扩展，用户需要找到以";extension="开头的行（行首的分号表示该行被注释掉），然后取消注释（即删除行首的分号）以启用对应的扩展。例如，若要启用 mysqli 扩展，需要找到";extension=mysqli"这一行，并删除其前面的分号。

（4）测试 PHP 安装。

①在 Apache 的文档根目录（通常是 htdocs 或用户自定义的目录）中创建一个名为 index.php 的文件。

②在该文件中，添加以下 PHP 代码：

```php
<?php
phpinfo();
?>
```

③在浏览器中访问 http://localhost/index.php。用户应该能看到一个包含 PHP 配置信息的页面，这表明 PHP 已经成功安装并配置在 Apache 服务器上。

注意：在配置过程中，请务必确保路径和文件名的准确性；若 Apache 或 PHP 无法启动，请查阅错误日志以获取详细的故障信息；为了保障系统的安全性和稳定性，建议定期更新 Apache、PHP 及其相关扩展。

图 6-7 所示为 index.php 界面图。

图 6-7 index.php 界面图

3．其他工具的安装

（1）MySQL 的安装。

在 Windows 中安装 Apache 并进行 MySQL 的安装及配置，通常涉及以下几个步骤。

①安装 MySQL。

访问 MySQL 的官方网站，根据用户的 Windows 版本和架构，选择合适的 MSI 安装包或 ZIP 压缩包进行下载。

情况一：使用 MSI 安装包安装 MySQL。

双击已下载的 MSI 文件以启动安装向导。

按照安装向导的指示逐步进行安装。在此过程中，用户可以设置 root 用户的密码、选择安装类型（如典型安装或自定义安装）等。

MySQL 的默认安装路径通常是 C:\Program Files\MySQL\MySQL Server X.Y（其中 X.Y 代表具体的版本号）。

情况二：使用 ZIP 压缩包安装 MySQL。

将下载的 ZIP 文件解压到用户指定的目录中。

接下来，用户需要初始化数据库（即创建 data 目录和必要的系统表）。这通常通过运行 mysqld --initialize 命令（或 --initialize-insecure 命令以生成无密码的 root 账户）来完成。

如果 my.ini 文件已存在，则对其进行配置；如果不存在，则需要创建该文件，并设置 MySQL 的运行参数，如端口号、数据目录等。

将 MySQL 作为服务安装（可选），以便实现自动启动。这可以通过运行 mysqld --install 命令来完成，之后使用 net start MySQL 命令来启动服务。

②配置 Apache 以支持通过 PHP 访问 MySQL。

步骤一，确保 Apache 和 MySQL 服务都已启动。

步骤二，安装 PHP。

请注意，Apache 本身不直接支持 MySQL，但用户可以通过 PHP 等脚本语言来访问 MySQL 数据库。安装 PHP 的过程与安装 Apache 和 MySQL 类似，用户需要下载 PHP 安装包，解压后配置 php.ini 文件。

步骤三，在 Apache 中启用 PHP 模块。

用户需要修改 httpd.conf 文件，加载 PHP 模块（例如，LoadModule php_module modules/libphp7.so），但请注意，路径和模块名可能会因 PHP 版本的不同而有所差异。同时，用户还需要配置 PHP 处理器，以便 Apache 能够识别并正确处理 .php 文件。

步骤四，安装和配置 mod_dbd 或类似的 Apache 模块（可选）。

如果用户希望 Apache 能够直接支持 MySQL 数据库连接（而非仅通过 PHP 等脚本语言），则可能需要安装 mod_dbd 模块或其他类似的 Apache 模块。这通常涉及编辑 Apache 的配置文件，加载相应的模块，并配置数据库连接参数。然而，对于大多数 Web 应用程序而言，通过 PHP 等脚本语言访问 MySQL 数据库是更为常见的做法。

③测试安装。

步骤一，创建一个简单的 PHP 脚本（例如命名为 test.php），该脚本用于连接 MySQL 数据库并执行一个基本的查询操作。

步骤二，将该 PHP 脚本文件放置在 Apache 服务器的文档根目录下。

步骤三，在 Web 浏览器中访问该脚本（例如，通过输入 http://localhost/test.php），并检查页面输出以确认 Apache、PHP 和 MySQL 是否都已正确安装且配置无误。

注意：上述步骤旨在提供在 Windows 环境中安装和配置 Apache、MySQL 以及 PHP 的一般性指导。根据用户的具体需求、系统配置以及所选择的安装选项，某些步骤可能会有所差异。因此，在进行相关工具的安装和配置时，请务必参考官方文档和安装向导中的详细说明。

（2）phpMyAdmin 的安装。

①下载 phpMyAdmin。

访问 phpMyAdmin 的官方网站（phpMyAdmin）下载页面，根据用户的 PHP 版本下载相应的 phpMyAdmin 安装包。

②安装 phpMyAdmin。

解压下载的 phpMyAdmin 压缩包至用户选择的目录，例如 Apache 的 htdocs 目录（若用户希望通过 Web 浏览器访问 phpMyAdmin）。

或者，用户也可以将 phpMyAdmin 解压到任意位置，并通过 Apache 的 Alias 功能来配置访问路径。

③配置 phpMyAdmin。

进入 phpMyAdmin 的解压目录，找到 config.inc.php 文件（如果下载的是压缩包且包含 config.sample.inc.php，则需复制并重命名为 config.inc.php）。

编辑 config.inc.php 文件，设置数据库连接信息，包括服务器地址、端口号、用户名和密码等。

此外，用户还可以根据实际需求配置其他 phpMyAdmin 选项，如认证方式、密钥等。

④测试安装。

在 Web 浏览器中访问 phpMyAdmin 的 URL（例如，如果 phpMyAdmin 安装在 Apache 的 htdocs 目

录下，则访问 http://localhost/phpmyadmin）。

根据提示输入数据库的用户名和密码进行登录。

若能够成功登录并浏览数据库管理界面，则说明 Apache、PHP 和 phpMyAdmin 均已正确安装且配置无误。

注意：上述步骤旨在为在 Windows 环境中安装 Apache、PHP 以及 phpMyAdmin 提供一般性指导。根据用户的具体需求、系统配置以及所选择的安装选项，部分步骤可能会有所调整。因此，在进行安装时，请务必参考官方文档和安装向导中的详细说明，以确保安装过程的顺利完成。

（3）EditPlus 的安装。

EditPlus 的安装过程相对直接明了，以下是在 Windows 系统中安装 EditPlus 的详细步骤。

①下载 EditPlus 安装包。

访问官网：首先，用户需要访问 EditPlus 的官方网站（https://www.editplus.com/），确保从官方渠道安全下载软件，以避免潜在的安全威胁。

选择版本：在官网页面上，根据操作系统类型（例如 Windows 32 位或 64 位）选择相应的 EditPlus 版本进行下载。请确保下载的是最新版本，以享受最佳性能和最新功能。

②安装 EditPlus。

运行安装程序：下载完成后，找到下载的安装包文件（通常是一个 .exe 可执行文件），双击以运行它。

遵循安装向导：安装程序将启动一个安装向导，引导用户逐步完成安装过程。在这个过程中，用户可以选择安装目录、是否创建桌面快捷方式等选项。通常，默认设置已经能够满足大多数用户的需求。

完成安装：按照安装向导的指示完成安装。在安装过程中，用户可能需要同意软件许可协议，并可能需要管理员权限才能安装到特定目录。

检查安装：安装完成后，用户可以在开始菜单或桌面上找到 EditPlus 的快捷方式。双击它，如果 EditPlus 能够成功启动，那么说明安装是成功的。

③注意事项。

关闭安全软件：在安装过程中，有时安全软件（如防火墙或杀毒软件）可能会阻止安装程序的某些操作。如果遇到这种情况，请暂时关闭安全软件，然后再次尝试安装。但请确保在完成安装后重新启用安全软件以保护你的系统。

检查系统兼容性：确保操作系统与 EditPlus 的版本兼容。虽然 EditPlus 支持多种操作系统和版本，但某些特定版本可能不适用于所有系统。在下载前，请仔细阅读官方文档以了解系统兼容性信息。

合法激活软件：如果用户下载的是需要激活的版本（如商业版或试用版），则按照提供的激活说明进行操作。但请注意，使用非法破解版软件可能违反版权法，并可能导致安全风险。请始终遵守法律法规，并尊重软件开发者的知识产权。

4. 如何使用 PHP 代码

编写一个简单的 PHP 页面通常涉及创建一个包含 PHP 代码和 HTML 标记的文件。这个文件可以使用任何文本编辑器来编写，例如 Notepad++、Sublime Text、VS Code 等，并且需要以 .php 作为文件扩展名进行保存。下面是一个简洁的示例，它展示了如何创建一个 PHP 页面，该页面能够向用户展示一条欢迎消息。

首先，打开文本编辑器，然后输入以下代码：

```
php
<!DOCTYPE html>
<html>
<head>
<title> 简单的 PHP 页面 </title>
</head>
<body>

<?php
// PHP 代码开始
echo "<h2> 欢迎来到我的 PHP 页面！ </h2>";
// PHP 代码结束
?>

<p> 这是一个简单的 PHP 页面示例。</p>

</body>
</html>
```

在这段代码中，<!DOCTYPE html> 声明了文档类型和 HTML5 标准，<html>、<head> 和 <body> 标签定义了 HTML 文档的结构。<title> 标签内的文本会显示在浏览器的标题栏或页面标签上。

在 <body> 标签内部，我们运用了 PHP 的 echo 语句来输出 HTML 内容。PHP 代码被包裹在 <?php 和 ?> 标签之内，这两个标签分别标志着 PHP 代码块的起始和结束。在这个示例中，echo 语句被用来输出一个 <h2> 标签，该标签内包含了一条欢迎消息。

若要运行这个 PHP 页面，用户需要将其保存到一个支持 PHP 的服务器上。这通常意味着用户需要将文件上传到互联网上的某个服务器，或者在用户的计算机上配置一个本地服务器（例如 XAMPP、WampServer、Laragon 等），然后将文件放置在这些服务器的指定目录中（例如 htdocs 或 www 文件夹）。

一旦文件被妥善放置在服务器上，用户就可以通过在浏览器中访问该文件的 URL（例如 http://localhost/yourfile.php，其中 yourfile.php 是用户的文件名）来查看页面了。如果所有设置均正确无误，用户将能够看到一条欢迎消息，以及页面底部附加的文本"这是一个简单的 PHP 页面示例"。

5. 安装过程中的常见问题汇总

（1）Apache 安装中可能出现的问题。

在 Windows 中安装 Apache 时，可能会遇到一些常见问题。这些问题通常与安装过程、配置设置、系统兼容性以及外部因素（如防火墙或端口冲突）有关。以下是一些常见的 Apache 安装问题及相应的解决方案。

① Apache 无法启动。

可能原因如下：

配置文件错误：Apache 的配置文件（如 httpd.conf）中存在语法错误。

端口冲突：Apache 尝试绑定的端口已被其他服务占用。

依赖关系问题：Apache 可能依赖于某些未安装的库或组件。

权限问题：Apache 没有足够的权限访问其安装目录或配置文件。

解决方案如下：

检查配置文件：使用文本编辑器打开 httpd.conf 文件，检查是否有语法错误或配置不当的地方。

检查端口占用：使用 netstat -aon | findstr 端口号命令（将"端口号"替换为 Apache 尝试绑定的端口，如 80）来检查端口是否被占用。如果被占用，可以修改 Apache 的监听端口或停止占用该端口的服务。

安装依赖组件：确保所有必要的库和组件都已安装。对于 Windows 系统，可以使用包管理器（如 Chocolatey）来安装缺失的依赖项。

调整权限：确保 Apache 有足够的权限访问其安装目录和配置文件，可以尝试以管理员身份运行 Apache。

② Apache 无法安装为 Windows 服务器。

可能原因如下：

路径问题：在安装 Apache 为 Windows 服务器时，指定的路径不正确或不存在。

权限不足：当前用户没有足够的权限来安装服务器。

解决方案如下：

检查路径：确保在安装 Apache 时指定的路径是正确的，并且该路径下的文件都是可以访问的。

以管理员身份运行：尝试以管理员身份运行 Apache 的安装程序或命令行工具。

③ Apache 无法访问网站。

可能原因如下：

网站根目录设置错误：Apache 配置中的 DocumentRoot 指向了错误的目录。

目录权限问题：Apache 没有足够的权限访问网站根目录。

防火墙或安全软件阻止：防火墙或安全软件可能阻止了 Apache 的访问。

解决方案如下：

检查 DocumentRoot：在 httpd.conf 文件中检查 DocumentRoot 指令，确保其指向正确的网站根目录。

调整目录权限：确保 Apache 服务器账户有权访问网站根目录。

配置防火墙和安全软件：将 Apache 添加到防火墙或安全软件的允许列表中，或配置相应的规则以允许 Apache 的访问。

④ Apache 访问速度慢。

可能原因如下：

服务器资源不足：服务器 CPU、内存或磁盘 I/O 性能不足。

网络问题：网络连接不稳定或带宽不足。

配置不当：Apache 的配置可能不是最优的，导致性能下降。

解决方案如下：

优化服务器资源：增加内存或升级 CPU、磁盘以提高性能。

检查网络连接：确保网络连接稳定且带宽足够。

调整 Apache 配置：优化 Apache 的配置设置，如启用缓存、调整并发连接数等。

⑤访问 Apache 出现错误页面。

可能原因如下：

文件不存在：请求的文件在服务器上不存在。

配置错误：Apache 的配置文件中可能存在错误或不当的设置。

解决方案如下：

检查文件路径：确保请求的文件路径正确无误。

检查配置文件：仔细检查 httpd.conf 和相关的配置文件，查找可能的错误或不当设置。

（2）PHP 安装中可能出现的问题。

PHP 安装过程中可能遇到的问题多种多样，这些问题可能源于系统环境、软件依赖、配置错误、网络问题等多个方面。以下是一些常见的 PHP 安装问题及相应的解决方案。

①系统环境问题。

a. 系统不兼容。

问题描述：安装的 PHP 版本与系统环境（如操作系统版本、位数）不兼容。

解决方案：检查 PHP 的官方文档，确认用户的系统环境是否满足 PHP 的最低要求。如果不满足，考虑升级操作系统或选择兼容的 PHP 版本。

b. 硬件要求不满足。

问题描述：系统硬件配置不符合 PHP 的最低要求，可能导致安装失败或运行时出现性能问题。

解决方案：检查系统硬件配置，如 CPU、内存、磁盘空间等，确保它们满足 PHP 的要求。如果硬件配置不足，可能需要升级硬件。

②软件依赖问题。

a. 依赖库缺失。

问题描述：安装 PHP 时需要依赖一些库文件，如果系统缺少这些库文件，会导致安装失败。

解决方案：根据 PHP 的依赖要求，使用系统的包管理工具（如 apt-get、Yum 等）安装缺失的库文件。安装完成后，重新尝试安装 PHP。

b. 其他软件冲突。

问题描述：已安装的其他软件可能与 PHP 产生冲突，导致安装失败或运行时出现问题。

解决方案：检查已安装的软件列表，卸载与 PHP 产生冲突的软件或调整其配置以避免冲突。如果无法避免冲突，可以考虑使用虚拟化技术或容器化技术来隔离 PHP 和冲突软件的运行环境。

③配置错误。

a. 配置文件错误。

问题描述：安装 PHP 时配置文件（如 php.ini）设置错误，如路径配置错误、权限配置错误等。

解决方案：检查 php.ini 文件，确保所有配置项都正确无误。特别是与路径、权限、扩展加载等相关的配置项。如果配置有误，修改后保存并重启 PHP 服务。

b. Web 服务器配置错误。

问题描述：PHP 与 Web 服务器（如 Apache、Nginx）集成时配置错误，导致 PHP 无法正确执行。

解决方案：根据 Web 服务器的文档，正确配置 PHP 模块和处理器。确保 Web 服务器能够识别并执行 PHP 脚本。

④网络问题。

a. 下载失败。

问题描述：从官方网站下载 PHP 安装包时，因网络问题导致下载失败。

解决方案：检查网络连接，确保网络稳定且没有限制。如果网络不稳定，可以尝试更换网络环境或使用下载工具进行断点续传。

b. 更新失败。

问题描述：在安装过程中需要下载或更新软件时，因网络问题导致更新失败。

解决方案：同下载失败的解决方案，确保网络连接稳定，并尝试重新更新软件。

⑤其他常见问题。

a. 安装包损坏。

问题描述：下载的 PHP 安装包损坏或不完整，导致安装失败。

解决方案：重新下载 PHP 安装包，并验证其完整性。

b. 用户权限不足。

问题描述：在某些操作系统中，安装 PHP 可能需要管理员权限。如果当前用户权限不够，安装过程可能会被阻止。

解决方案：以管理员身份运行安装程序，确保有足够的权限进行安装操作。

PHP 安装过程中遇到的问题多种多样，但大多数问题都可以通过仔细检查系统环境、软件依赖、配置文件和网络连接等方面来解决。如果以上方法都不能解决问题，建议参考 PHP 官方文档或向技术论坛、社区等寻求帮助。

（3）MySQL 安装中可能出现的问题。

MySQL 安装过程中会遇到多种问题，这些问题可能源于系统环境、软件依赖、配置错误、网络问题等多个方面。以下是一些常见的 MySQL 安装问题及其解决方案。

①安装程序无法启动或突然停止工作。

问题描述：安装程序在启动时无法打开，或者在安装过程中突然停止工作。

解决方案如下：

a. 确保用户的系统满足 MySQL 的最低要求，包括操作系统版本和硬件资源。

b. 尝试以管理员身份运行安装程序，这可以解决权限不足导致的问题。

c. 检查是否有其他程序或进程占用了 MySQL 所需的资源或端口。

d. 如果安装程序是从网络上下载的，应确保下载的文件完整且未损坏。

②安装过程中报错。

问题描述：在安装 MySQL 的过程中，可能会遇到各种错误消息，如"无法创建服务""文件无法访问"等。

解决方案如下：

a. 仔细阅读错误消息，根据提示查找问题原因。

b. 检查 MySQL 的安装路径和配置文件（如 my.ini 或 my.cnf），确保路径中不包含非法字符（如中文、空格等），并且文件权限设置正确。

c. 如果错误与端口冲突有关，尝试更改 MySQL 的监听端口。

d. 确保系统上没有安装其他版本的 MySQL 或 MySQL 服务未完全卸载，这可能会导致冲突。

③安装后无法启动 MySQL。

问题描述：安装 MySQL 后，尝试启动 MySQL 服务器时失败。

解决方案如下:

a. 检查 MySQL 服务器的状态,确保服务器没有被禁用或设置为手动启动。

b. 查看 MySQL 的错误日志文件,其通常位于 MySQL 安装目录下的 data 文件夹中,日志文件会提供详细的错误信息。

c. 确保 MySQL 的端口没有被其他程序占用。

d. 如果 MySQL 服务器依赖于其他服务器(如网络服务器),请确保这些服务器也已启动。

④无法连接到 MySQL 服务器。

问题描述:安装并启动 MySQL 后,尝试连接到 MySQL 服务器时失败。

解决方案如下:

a. 检查 MySQL 服务器的监听地址和端口,确保它们与客户端尝试连接的设置相匹配。

b. 检查 MySQL 服务器的防火墙设置,确保没有阻止来自客户端的连接请求。

c. 如果 MySQL 服务器配置为仅允许特定 IP 地址连接,请确保客户端的 IP 地址在允许的列表中。

d. 尝试使用命令行工具(如 MySQL 客户端)连接到 MySQL 服务器,以排除客户端软件的问题。

⑤其他问题。

问题描述:安装过程中还可能遇到其他与特定环境或配置有关的问题。

解决方案如下:

a. 查阅 MySQL 的官方文档或社区论坛,搜索与问题相关的解决方案。

b. 如果问题复杂且难以解决,可以考虑向专业的技术支持人员寻求帮助。

总之,MySQL 安装过程中遇到的问题可能多种多样,但大多数问题都可以通过仔细检查系统环境、软件依赖、配置文件和网络连接等方面来解决。如果以上方法都不能解决问题,建议参考 MySQL 的官方文档或向技术社区寻求帮助。

6.PHP 的详细配置

PHP 的详细配置涉及多个方面,包括 Apache 服务器的基本配置、Apache 服务器的目录块配置、PHP 的基本配置、PHP 的文件上传配置、PHP 的 Session 配置、PHP 的电子邮件配置以及 PHP 的安全设置。以下是对这些配置的详细说明。

(1)Apache 服务器的基本配置。

①下载与安装。

a. 访问 Apache 官方网站(如 Apache HTTP Server),下载适用于用户操作系统的 Apache 服务器版本。

b. 执行下载的安装文件,并按照安装向导的指示进行安装。

②配置文件(httpd.conf)。

a. 监听端口:默认情况下,Apache 监听 80 端口。如果此端口已被其他应用程序占用,可以在 httpd.conf 文件中修改监听端口,如改为 8080。

b. 文档根目录:DocumentRoot 指令设定了 Apache 用于查找网站文件的默认目录,可根据需要修改此路径。

③启动与停止。

a. 在 Windows 中,通常可以通过开始菜单找到 Apache 的控制面板来启动或停止服务。

b. 在 Linux/MacOS 中，可以使用命令行工具（如 sudo apachectl start）来启动 Apache 服务器。

（2）Apache 服务器的目录块配置。

① 虚拟主机：通过配置虚拟主机，可以在一台服务器上托管多个网站。在 httpd.conf 文件或单独的虚拟主机配置文件中设置 <VirtualHost> 块，为每个网站指定不同的域名、文档根目录等。

② 目录权限：使用 <Directory> 块来设置特定目录的访问权限，如 Allow from all 允许所有用户访问，Deny from all 则拒绝所有访问。

（3）PHP 的基本配置。

① 安装 PHP。

a. 从 PHP 官方网站下载 PHP 安装包，并按照安装指南进行安装。

b. 在安装过程中，根据需要选择安装 PHP 扩展和模块。

② 配置文件（php.ini）。

PHP 的配置文件为 php.ini，可以通过编辑该文件来调整 PHP 的各种设置，如内存限制（memory_limit）、上传文件大小限制（upload_max_filesize 和 post_max_size）等。

③ 与 Apache 集成。

在 Apache 的 httpd.conf 文件中加载 PHP 模块（如 LoadModule php7_module modules/mod_php7.so），并配置处理 PHP 文件的处理器（如 AddType application/x-httpd-php .php）。

（4）PHP 的文件上传配置。

① php.ini 文件。

a. 确保 file_uploads 设置为 On，以启用文件上传功能。

b. 设置 upload_max_filesize 和 post_max_size 以控制上传文件的大小。

c. 配置 upload_tmp_dir 以指定上传文件的临时存储目录。

② HTML 表单。

在 HTML 中创建文件上传表单时，确保 <form> 标签的 enctype 属性设置为 multipart/form-data。

（5）PHP 的 Session 配置。

php.ini 文件：设置 session.save_path 以指定 Session 文件的存储路径；配置 Session 的其他相关选项，如 Session 的生命周期（session.gc_maxlifetime）。

（6）PHP 的电子邮件配置。

php.ini 文件：配置 SMTP 服务器信息（如果 PHP 使用 SMTP 发送邮件），如 SMTP、smtp_port、smtp_user 和 smtp_pass 等。如果使用 sendmail 发送邮件，应确保 sendmail_path 指向正确的 sendmail 路径。

（7）PHP 的安全设置。

① php.ini 文件。

a. 禁用不必要的函数和类，如 disable_functions 和 disable_classes。

b. 配置 open_basedir 以限制 PHP 可以访问的目录。

c. 启用或禁用 register_globals（建议禁用），以防止出现安全漏洞。

d. 配置 expose_php 为 Off，以隐藏 PHP 版本信息。

② 其他安全措施。

a. 使用 HTTPS 来保护敏感数据的传输。

b. 对用户输入进行验证和清理，以防止 SQL 注入、跨站脚本（XSS）等攻击。

c. 定期更新 PHP 和 Apache 到最新版本，以修复已知的安全漏洞。

三、学习任务小结

在本次学习任务中，我们系统地介绍了在 Windows 环境中搭建一个基本的 Web 服务器环境的过程，包括 Apache 服务器的安装与配置、PHP 解释器的安装与配置、MySQL 数据库的安装，以及辅助工具如 phpMyAdmin 和代码编辑器 EditPlus 的安装。此外，我们还深入探讨了 PHP 的详细配置，涵盖了 Apache 服务器的基本配置与目录块设置，PHP 的基础配置、文件上传、Session 管理、电子邮件发送功能配置以及安全设置等方面。希望同学们通过本次任务的学习，能够继续深入探索 Web 开发的广阔领域，不断提升自己的技术水平和实践能力。

四、课后作业

作业内容：搭建并配置 WAMP 环境及基本安全设置

要求：

（1）下载与安装。

①访问 Apache、PHP 的官方网站，下载适用于 Windows 的最新稳定版本。

②按照官方指南或教学材料中的步骤安装 Apache、PHP。

（2）配置 Apache 服务器。

①修改 httpd.conf 文件，设置 Apache 监听端口（如果 80 端口已被占用，可改为其他端口，如 8080）。

②设置 Apache 的文档根目录到一个自定义位置（如 C:\wamp\www）。

③确保 Apache 能够正常启动和停止，并测试其在浏览器中的访问情况（使用配置的端口号）。

（3）配置 PHP 以在 Apache 中运行。

①在 httpd.conf 文件中加载 PHP 模块，并配置处理 PHP 文件的处理器。

②编辑 php.ini 文件，设置内存限制、上传文件大小限制等，并确保文件上传功能启用。

③创建一个简单的 PHP 测试文件（如 info.php），包含 <?php phpinfo(); ?>，并将其放置在 Apache 的文档根目录下。通过浏览器访问该文件以验证 PHP 配置是否正确。

项目七
综合案例

综合案例

教学目标

（1）专业能力：使学生掌握制作完整网站所需的所有技能。

（2）社会能力：通过课程学习，学生能够以团队形式完成一个网站的制作，并能与团队成员进行有效沟通和交流。学生能掌握团队协作与冲突解决的方法，并培养创新能力、沟通能力、团队协作能力、应变能力和领导能力等。

（3）方法能力：秉持"教学做一体化"的教育理念，使学生边"用"边学，通过实际项目或模块的学习，提升问题解决能力和自主学习能力。

学习目标

（1）知识目标：掌握 CSS 的各种样式设置技巧以及 JavaScript 脚本的使用方法。

（2）技能目标：熟练掌握 DIV+CSS 网页布局的方法，以及模板的创建与使用技巧。

（3）素质目标：激发网页设计兴趣，提升自主学习和解决问题的能力。

教学建议

1. 教师活动

（1）介绍与演示：教师首先介绍网页制作的流程，以便让学生直观地了解网页设计与制作的完整过程。

（2）项目驱动教学：设计实际的项目任务，让学生选择主题，并引导学生通过完成任务来学习和掌握网页制作技能。

（3）激励与指导：鼓励学生参加网页设计大赛，以激发他们的积极性和创造性，同时提供必要的指导和支持。

（4）将思政教育融入课堂教学，以提高学生对中华传统文化的认识。

2. 学生活动

（1）动手实践：学生应积极参与课堂实践，动手操作 Dreamweaver 2021 软件，完成教师布置的项目任务，从而巩固所学知识。

（2）团队协作：在教师的指导下，学生可以组成小组进行合作，共同完成项目任务，以培养团队协作和沟通能力。

（3）创新设计：学生发挥创意，设计具有个性的网页作品，并积极参与网页设计大赛，以提升实践能力和创新思维。

一、学习问题导入

在之前的学习中，同学们已经较为全面地掌握了网页制作的相关知识点。本次课程主要讲解如何制作一个完整的网页，包括具体的方法和步骤。通过制作过程的实践，同学们可以全面地了解并掌握网页设计与制作的全套技能。

二、学习任务讲解与技能实训

1. 网站的风格定位

网站定位是策划的第一步，这一过程需要在调查研究的基础上进行。对于网站设计者而言，试图吸引所有网民的做法是错误的。在信息爆炸且个体差异极大的网络时代，网站只能吸引特定的目标人群。网站的成功与否与市场调查及网站定位的准确性密不可分。

例如，如图 7-1 所示的华为公司官网（https://consumer.huawei.com/cn/），其主要以白色为背景，黑色作为点缀，浅灰色则被用于导航栏、重要按钮以及一些需要强调的部分，整体给人一种专业、可靠的感觉，这与华为作为通信技术巨头的形象相得益彰。字体简洁明了，标题字体具有一定的厚重感，显得稳重，而正文字体大小适中，确保了良好的可读性。

同时，在产品页面中，有详细的技术参数表格，且排列整齐，这体现了华为产品的专业性和技术含量。在多媒体运用方面，网站会展示产品宣传视频，这些视频制作精良，重点突出产品的功能优势和创新技术，如 5G 通信技术的演示等，有助于用户更好地理解产品。华为公司强调科技实力和专业服务，其官网的专业、稳重风格能够彰显华为在通信和消费电子领域的权威性，从而让用户对其产品和技术产生信任感。

图 7-1 华为官网截图

如图 7-2 所示为淘宝网（https://www.taobao.com/）的主页，色彩丰富是其一个显著特点。页面的主体颜色是渐变红色，这种颜色充满活力和吸引力，能够激发用户的购物欲望。同时，在促销活动期间，会大量运用红色来突出折扣信息和热门商品。

此外，网页字体清晰易读，尤其在商品标题等重要信息部分，使用了较大的字体，方便用户快速浏览。页面布局是典型的电商风格,以商品展示为核心。首页设有各种分类导航栏,用户可以通过搜索、分类筛选等方式轻松找到自己想要的商品。商品列表页面则采用了多列布局,展示了商品的图片、标题、价格、销量等信息,便于用户快速对比不同商品。

在图形元素方面,每个商品都配有图片展示,且图片质量较高,旨在吸引用户点击、查看详情。此外,页面上还有各种促销图标,如"限时折扣""满减优惠"等,通过图形化的方式直观地传达优惠信息。

与品牌形象的契合度方面,淘宝作为一个综合性的、面向广大消费者的电商平台,其风格体现了丰富多样、活力四射的特点,符合其"万能的淘宝"的品牌定位,能够吸引各种类型的消费者前来购物。

图 7-2 淘宝网页

微信(https://weixin.qq.com/)官网的风格特点在于色彩搭配简洁,以白色和绿色为主。绿色作为微信品牌的标志性颜色,被用于突出重要的按钮和功能链接,如下载按钮等,给人一种清新、友好的感觉,如图 7-3 所示。

图 7-3 微信官网

字体风格简洁易读，功能介绍部分使用了较大的字体来突出重点内容。页面布局则通过图文并茂的方式详细介绍微信的各种功能。同时，页面还包含一些简单的示意图，以帮助用户更好地理解这些功能。

微信的品牌形象是一个方便、友好且充满生活气息的社交工具。官网的风格通过简洁的设计、温馨的色彩以及图形元素，充分体现了这种社交属性，让用户能够深切感受到微信的社交魅力。

确定好自己网站的风格定位之后，就需要考虑网页的布局设计了。

2. 网页布局

常用的网页布局包括单列布局、双列布局、三列布局、网格布局、瀑布流布局以及分屏布局等。

如图7-4所示的新浪网（https://www.sina.com.cn/）主页，其顶部（第一横排）放置了网站的logo、导航栏（涵盖新闻、体育、娱乐等各个频道的入口）以及搜索框。这部分是用户首先会关注的区域，便于用户快速定位到自己感兴趣的频道或进行信息搜索。

上面部分：这是主要的新闻分类目录，如国内新闻、国际新闻、财经新闻等细分栏目。用户在浏览完顶部信息后，视线往往会自然地向左移动，在这里可以找到更详细的内容分类，从而引导用户深入浏览具体的新闻板块。

中间部分：这是新闻内容的展示区域，包括新闻标题、图片、摘要等。该部分内容丰富，用户在浏览完左侧分类后，会在中间部分查看具体的新闻资讯。新闻标题的字体大小和颜色具有一定的层次感，重要新闻会更加突出，以吸引用户点击阅读。

另外，如图7-5所示的阿里云（https://www.aliyun.com/）主页采用了"F"型布局。"F"型布局有助于用户系统地浏览产品和服务，能够快速找到自己想要的信息。用户可以先从大的类别入手，再深入具体的产品细节，从而提高信息传递的效率，方便用户做出购买决策。

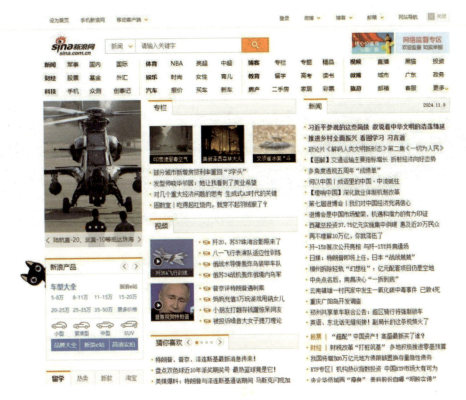

图7-4 新浪网主页

图 7-5 阿里云主页

如图 7-6 所示，小米官网（https://www.mi.com/）主页采用了"Z"型布局。小米官网主页的左上角（起始点）通常是小米的 logo，用以吸引用户的目光。用户进入网站后，视线首先会落在这个位置，因此这里会放置最能引起用户兴趣的内容，如新品发布、限时折扣等信息。

图 7-6 小米官网主页

从左上角向右延伸：是产品分类导航或主打产品的轮播图展示区域。轮播图以精美的产品图片和简洁的文字介绍为主，引导用户的视线向右移动，展示小米的热门产品，如手机、智能手环等。每个轮播图都设有链接，用户可以点击进入对应的产品详情页。

向下再向右（"Z"型的下半部分）：在页面下方，是具体产品的展示区域，产品图片和名称以网格形式排列。当用户浏览完轮播图后，视线自然会向下移动，看到这些产品展示。用户可以根据自己的兴趣点击产品图片以查看详情。在产品展示区域，还会有一些小图标来标示产品的特色，如"快充""高像素"等，以吸引用户进一步了解产品。

"Z"型布局能够有效地引导用户浏览产品，通过视觉引导让用户依次关注到网站想要展示的重要内容。对于以产品展示为主的网站而言，这种布局能够突出产品的吸引力，提高用户对产品的关注度，进而促进产品的销售。

3. 色彩搭配

网页的色彩搭配作用重大，如图 7-7 所示的电商网站——京东（https://www.jd.com/）就是一个很好的例子。京东的主色调是红色，这种颜色具有强烈的视觉冲击力，能够激发消费者的购买欲望。在整个页面中，红色被巧妙地运用于 logo、导航栏的部分元素以及促销活动标识等重要位置，起到了吸引用户注意力的作用。同时，在红色背景中，白色被用作文字内容的颜色，确保了信息的清晰可读。此外，京东还巧妙地使用了一些灰色来区分不同的商品区域或服务板块，使得页面布局更加清晰明了。

以红色为主的色彩搭配让用户在进入京东网站时就能感受到热情和活力。而白色背景和灰色区域的合理划分，则在保证页面信息丰富的同时，依然能够保持清晰的结构，方便用户浏览和寻找商品。

图 7-7 京东主页

如图 7-8 所示的旅游网站——马蜂窝（https://www.mafengwo.cn/）以黄色为主色调，黄色象征着阳光、活力和快乐，与旅游的主题高度契合，能够传达出积极向上的情绪，让用户在浏览网站时仿佛能感受到旅行的美好。这种黄色是比较明亮但又不刺眼的暖黄色，给人一种温馨舒适的感觉。白色则被用于文字和部分背景，以确保内容的可读性。在页面中，还巧妙地使用了绿色作为辅助色，绿色代表大自然，与旅游中的自然风光相得益彰。例如，在推荐旅游目的地的板块，目的地名称可能会用绿色突出显示，以增添一份自然气息。同时，对于一些热门旅游线路或推荐活动的标题，网站会使用少量的红色作为强调色，以吸引用户的注意力，引导用户关注重点内容。

以黄色为主的色彩搭配营造出一种愉悦的氛围，让用户联想到旅行的快乐与轻松；绿色的辅助使用进一步加强了旅游与自然的联系；而红色的强调元素则能够巧妙地引导用户关注网站推荐的重点内容，如热门线路和特色活动等。这种色彩组合使用户在浏览网站寻找旅游信息时，能够保持良好的心情，从而增加对旅游产品的兴趣和购买意愿。

因此，用户要根据自己的需求和目标客户群体，精心选择网页的色彩搭配，这是至关重要的。

图 7-8 马蜂窝主页

4. 添加首页中的 JavaScript 脚本

在网页中添加脚本可以实现多重效果。一是增强交互性，能够进行表单验证，及时发现并纠正错误；同时，还可以动态更新内容，如点赞数的实时变化等。二是提升用户体验，通过制作动画效果使页面更加生动有趣，实现响应式设计，让网页能够适配不同设备，提供更好的浏览体验。三是提高网页性能，脚本可以支持异步加载数据，使网页显示速度更快，通过预加载内容减少用户的等待时间；此外，脚本还能促进代码的复用，使网页结构更加清晰，便于后续的维护与优化。

以下是使用 HTML、CSS 和 JavaScript 实现简单轮播图的代码示例：

```
<!DOCTYPE html>
<html lang="en">
<head>
  <meta charset="UTF-8">
  <meta name="viewport" content="width=device-width, initial-scale=1.0">
  <title>Simple Carousel</title>
  <style>
   .carousel {
     width: 500px;
     height: 300px;
     overflow: hidden;
     position: relative;
   }
```

```css
.carousel img {
  width: 100%;
  height: 100%;
  object-fit: cover;
  display: none;
}
.carousel img.active {
  display: block;
}
.controls {
  position: absolute;
  bottom: 10px;
  left: 50%;
  transform: translateX(-50%);
}
.controls button {
  background-color: transparent;
  border: none;
  font-size: 24px;
  cursor: pointer;
}
```
```html
    </style>
  </head>
  <body>
    <div class="carousel">
      <img src="image1.jpg" class="active">
      <img src="image2.jpg">
      <img src="image3.jpg">
    </div>
    <div class="controls">
      <button id="prev">&#10094;</button>
      <button id="next">&#10095;</button>
    </div>
    <script>
      let currentImage = 0;
      const images = document.querySelectorAll('.carousel img');
      const prevButton = document.getElementById('prev');
      const nextButton = document.getElementById('next');
      prevButton.addEventListener('click', () => {
        images[currentImage].classList.remove('active');
        currentImage = (currentImage - 1 + images.length) % images.length;
        images[currentImage].classList.add('active');
      });
      nextButton.addEventListener('click', () => {
        images[currentImage].classList.remove('active');
```

```
        currentImage = (currentImage + 1) % images.length;
        images[currentImage].classList.add('active');
    });
  </script>
</body>
</html>
```

在这个示例中，通过HTML结构定义了轮播图的容器、图片以及控制按钮。CSS则用于设置轮播图的样式，包括尺寸、隐藏未显示的图片等细节。JavaScript代码实现了点击"上一张"和"下一张"按钮时切换图片的功能。

注意：这只是一个简单的轮播图示例，你可以根据自己的实际需求进行调整和扩展。例如，你可以添加自动播放功能、过渡效果等，以提升用户体验。同时，确保图片路径的正确性，并根据实际情况调整轮播图的尺寸和样式，以确保其在不同设备和浏览器上都能正常显示。

三、学习任务小结

通过本次课程的学习，我们可以了解到设计一个完整的网站需要掌握多方面的技能。这些技能包括项目的需求分析、网站功能的规划、网站效果图的制作等。接下来，我们将在Dreamweaver中依次制作网站的主页、模板页，并根据模板页来制作各个子页面。最后，我们还需要为网站添加相关的脚本代码。课后，同学们需要在掌握本次课程所学内容的基础上，进一步熟悉和掌握完整的网站制作过程。

四、课后作业

利用所学的知识，根据实际需要制作一个符合主题的网站。

参考文献

[1] 陈营辉，赵海波，等.PHP+Ajax 完全自学手册 [M]. 北京：机械工业出版社，2018.

[2] 秦涛，曾文玉. 精通 PHP 应用开发 [M]. 北京：人民邮电出版社，2017.

[3]【美】W.Jason Gilmore 著. 朱涛江，等，译.PHP 与 MySQL5 程序设计 [M].2 版. 北京：人民邮电出版社，2017.

[4] 未来科技. 中文 Dreamweaver CC 网页制作 从入门到精通 [M]. 北京：中国水利水电出版社，2017.

[5] 刘蕴，李利明，崔英敏.Dreamweaver CC 网页设计与应用 [M]. 北京：人民邮电出版社，2021.

[6] 刘春茂.HTML5+CSS3 网页设计与制作案例课堂（第 2 版）[M]. 北京：清华大学出版社，2018.

[7] 未来科技.HTML5+CSS3 从入门到精通 [M]. 北京：中国水利水电出版社，2023.